絵でわかる

An Illustrated Guide to the History of Physics

物理学の歴史

並木雅俊 著
Namiki Masatoshi

JN047139

講談社

ブックデザイン　安田あたる

イラスト　　　中村知史

「自然のすべてを解明することは，一人の人どころか一つの時代ですら大変難しい。たとえ少しでも確かなことを突き止め，あとは後世の人に残した方がよい」
と王立協会会長就任の頃のニュートンが語っている。

コペルニクス『天球の回転について』の出版を科学革命の始まりとし，ニュートン『プリンキピア』の出版を終わりとするなら，天体の物理学の完成には 144 年間を要したことになる。「大業は一朝一夕にしてならず」である。天動説から地動説への意識と概念の変革には多くの時間と知恵が必要であった。

科学は，先人が突き止めた知識を積み重ねて累積的に発展している。しかしながら，たとえ権威ある学者の言葉，あるいは執筆した論文・本であっても，それを鵜呑みにすることはご法度である。デカルトの「われ思う，ゆえにわれあり」[1]の態度をもって読み，聞かなくてはならない。デカルトは，ガリレオの慣性の法則を懐疑の態度で再考して発展させた。ホイヘンスは，尊敬するデカルトによる運動論を吟味して多くの誤りを正した。ニュートンは，これら先人の業績を数学を用いて体系化した。『プリンキピア』は，キャヴェンディッシュの実験により補完され，オイラーやラグランジュ[2]らにより解析的に書き改められることにより，およそ現在の力学が築かれた。

1　デカルトが『方法序説』の中で述べた Cogito, ergo sum である。ここでの訳の「思う」は「考える」と解するべきである。真理探究のために，ほんの少しでも疑いをかけ得るものすべて排除する。しかし，疑っている（考えている）自分の存在を疑えなかったという意味である。

2　ラグランジュ（Joseph Louis Lagrange, 1736 ～ 1813）は，オイラーの後を継ぎ，幾何学を使わずに力学を解析学で論じた『解析力学』（1788 年）を刊行した。

このように真理探究のためのバトンパスが行われてきたが，先人の業績を批判的に検討することはあっても，基本的に神格化することはなかった。学問の世界にも権威者は存在するが，発展させるには権威は要らず，修正・訂正の可能性をもった開かれた社会である。社会が真偽を決定するためのツールとして科学を拠り所としているのは，誰もが追試（真偽確認）することができるシステムとなっていることにある。

　批判的に検討する，あまりいい言葉ではないが論争によって認識を深め，学問を進展させたことは枚挙にいとまがない。

　活力論争もその例である。デカルトは運動において重要な量を運動の量[3]（質量×速度）としたが，ライプニッツは活力（質量×速度の2乗）であると主張してデカルト説を批判した。これは 1686 年のことであるが，18 世紀中頃，イギリス，フランス，ドイツ，オランダの学界を二分する論争となった。『プリンキピア』では力を明確に定義できていなかったこともあって，今からみると，かみ合った議論とは言い難い。現在では，運動量もエネルギーも重要な物理量であることがわかっているため，物理量として力積をとるか，仕事をとるかという議論は意味がないと結論できるが，思考の壁を克服するための重要な役割を果たした。それに，現在の尺度で判断することは歴史を知ることにつながらない。科学は累積的に発展しているため，現在からみるということ，すなわち勝利者史観になるからである。

　アインシュタインは，「神はサイコロ振りをしない」という考えをもとに，ボーアと量子力学の解釈をめぐって論争を行った。アインシュタインとボーアは，およそ 20 年にわたって，20 世紀物理学の本質を論じ合ったのである。この論争の重要性は，量子力学が 1926 年暮にはおよそ完成したにもかかわらず，その解釈は現在においても定まっ

3　デカルトは，運動の量を（物体の大きさ）×（速さ）としていた。運動の量＝（質量）×（速度）は 18 世紀の認識である。
4　主流は，ボーア学派のコペンハーゲン解釈である。

ていないことからもわかる[4]。

＊

　第1章において，「言語科学」と「物理」の誕生から始めました。そもそも，気づきや発見は新たな概念であるので，発見時はその概念を表す言葉は存在していません。そのため，言葉は，歴史を観る道標になると考えたのです。また，自然（physis）の学から発展した物理学（physics）は，自然科学の基礎を担っています。このため，他の学問と独立の存在にはなり得ず，数学史，天文学史，化学史にも触れることにしました。

　本書は，物理学史の小冊子です。この小冊子から，客観と批判，それに知の追求の方法を学ぶために少しでも役立つことができたら幸いです。

　講談社サイエンティフィクの大塚記央さんには大変お世話になりました。深く感謝いたします。

2020年6月　　　　　　　　　　　　　　　　　　　　　　並木雅俊

絵でわかる物理学の歴史　目次

第 1 章

物理学とは何だろうか

なるほど…

ニュートン

物理学とは、われわれをとりかこむ自然界に生起するもろもろの現象 ── ただし主として無生物にかんするもの ── の奥に存在する法則を、観察事実に拠りどころを求めつつ追求することである。

（朝永振一郎）

1.1 まずは言葉から

　物理学は，明治初期までは，主に，窮理学と呼ばれていた。窮理は，物事の理を窮めることを意味する。"physics" の訳として物理学が使われるようになったのは文部省[1]が学制頒布をした明治 5（1872）年頃である。文部省教科書編輯寮官吏の片山淳吉に小学[2]教科書作成が命じられ，その年 10 月，片山はアメリカ・ボストンの中等学校校長リチャード・パーカー（Richard Green Parker，1798 ～ 1869）が執筆した物理初歩の教科書[3]を翻訳し，『物理階梯』を編集・刊行した（階梯とは梯子を意味し，入門書の意味である。図 1.1）。パーカーは自然哲学（natural philosophy）という言葉を用いているが，片山はヨーロッパで使われ始めていた "physics" を物理と訳して用いた。アメリカでは，natural philosophy から physics に変わる移行の時期であったことがわかる。

　「物理」は，以前，物の道理を解明する意味で使われていた。古来，「物理」は「もつり」と読み，人としての理法を意味する仏教用語であった[4]。儒学でも使用され，朱子学[5]においては，物（もの）の理（こ

1　明治 4（1871）年 9 月設置，平成 13（2001）年 1 月に科学技術庁と統合して文部科学省となった。
2　当時は，小学校は小学と呼ばれていた。
3　R.G. Parker "First Lessons in Natural Philosophy designed to teach the Elements of the Science（1870）"。physics ではなく natural philosophy を用いている。
4　中村元『広説仏教語大辞典』（東京書籍）などによると「理」は，条理，だれでも承認できる事柄，事実を事実のまま認識するのではなく理論づけして（筋道をたてて）言葉にすることとある。
5　朱子学は南宋の朱熹（1130 ～ 1200）によって樹立された儒学体系である。江戸幕府は，朱子学が上下定分の理を説いていることより，体制を支えるイデオロギーとした。格物致知，居敬窮理，主敬静坐を方法とした（格物と窮理がある）。これに対して，陽明学は明の王陽明（1472 ～ 1529）によって樹立された。性即理の朱子学，心即理の陽明学で覚えている人も多い。

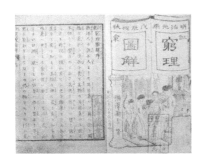

図 1.1 福沢諭吉『窮理図解』と片山淳吉『物理階梯』

福沢は，『福翁自伝』（1899 年）において「東洋になきものは，有形に於いて数理学，無形に於いて独立心の 2 点である」と述べている。福沢は，この姿勢を，咸臨丸でアメリカに出向いたことから揺るぎなく終始一貫した。窮理学の初歩の本である『窮理図解』を慶応 4（1867）年に出版し，窮理を市民に広めた。片山は，福沢の慶應義塾で学んでおり，福沢の影響をあっての『物理階梯』であったと考えられる。

とわり）の意味で使われていた。江戸期は，通詞[6] が，オランダ語（蘭語）"natuurkunde" の訳として窮理の他，理学，格物[7] なども使っていた。

「自然」も仏教用語である。「自然」は歴史が長く，自分の在り方を意味するサンスクリット語から生まれ，奈良時代初期の『常陸国風土記』（713 年）にある自然は「おのずから」と読み，空海（774 ～ 835）『秘密曼陀羅十住心論』（830 年）では「じねん」と呉音で発音されていた。中国語での自然（ツーラン）は自ずから然らしむである。「自然」は，すでに異なった概念をもった意味で使われていおり，それに，そもそも「自然」は名詞ではなく形容詞あるいは副詞として用いられていた。このため，蘭語 "natuur" の訳としての「自然」の定着には時間がかかり，明治 30 年以降のこととなった。「自然（しぜん）」は，西洋語の翻訳として生まれ変わった言葉であるため，現在の意味

6　江戸幕府の世襲役人で，通訳あるいは主に老中からの依頼でオランダ本の翻訳を行った。世襲家として，本木，志筑，馬場が知られている。

7　物に格（いたる）と解する。

で使われるようになったのは，一般に考えられているより，最近なのである。

蘭語 "natuur" の語源は，ラテン語の "natura" で，その語源はギリシア語の "physis" である。"physis" は，誕生，生長，生成を意味していた。ルクレティウス（Lucretius，BC94 頃〜 BC55）の『物の本性について』では "natura" が「本性」と訳されている。この本は，古代ギリシアのヘレニズム期のエピクロス（Epikouros，BC341 〜 BC270）の原子論をラテン語の詩で表した書である。すべての物質はアトム（原子）と空虚（真空）の 2 つから成るとしており，森羅万象すべてを意味する言葉として使われていた。

「科学」が "science" の訳として定着したのは，明治 10（1877）年頃である。これより少し前の明治 4（1871）年に井上毅（1844 〜 1895）[8] が農科学という言葉を，明治 6（1873）年に福沢諭吉（1834 〜 1901）が文学科学という言葉を造語したが，いずれも分科の学（個別科学）の意味での使用であって，現在の意味とは異なる。明治 7（1874）年，西周（1829 〜 1897）[9] は論文『知説 4』において「事実を一貫の真理に帰納し，またこの真理を序で，前後本末を掲げ，著して一の模範となしたるものを学（サイーシス）という」と書いている。これは，事実から原理を帰納して得た真理に基づいた論理規則から得た理論を「学」として述べており，「学」であって「科学」とはしていないが，現在の「科学」を意味している [10]。これらの影響により，明治 10 年頃に，「科学」が "science" の訳として定着してきた。

"science" は，ラテン語の "scientia" を語源とする。動詞 "scio" は「知る」，名詞 "scientia" は「知識」，より厳密に表現すると「論

8　井上毅は，熊本藩士，明治政府官僚，政治家。
9　西周は，津和野藩藩医の家に生まれ，蕃書調書教授手伝並となり，幕府の命でオランダに留学，帰国後に徳川慶喜側近，『万国公法』訳版，明治に入り，兵部省，文部省，宮内省の官僚となった。森有礼（1847 〜 1902），西村茂樹（1828 〜 1902），福沢諭吉などと日本初の学会である明六社を結成し，思想家として活躍した。
10　このため，西周が「科学」を訳語した人とされている。

証によって裏付けられた知識」を意味する。これに対し，ギリシア語から英語となった"philosophy"[11]は，「愛」を意味する"philo"と「知」を意味する"sophia"からなり「知識を愛する」を意味している。"science"が現在と同じような（「科学」に限定した）意味で使われるようになったのは19世紀中葉である。"science"は学習して得る知識とささやかな差異もあるが，それまでの長い間，"philosophy"とおよそ同じ意味で使われていた。

　英語"scientist"[12]は，ケンブリッジ大学のウィリアム・ヒューエル（William Whewell, 1794 ～ 1866）による造語である。それまでは主に自然哲学者（natural philosopher）あるいは学者（savant）と呼ばれていた科学研究者を科学者（scientist）と呼ぶことを1834年に提案した。science は，内容的にはニュートンの『プリンキピア』[13]の刊行で数理科学として独立した学問と認識されるようになったが，この造語によって，科学研究が従来の philosophy と区別され，限られた学問分野を担う存在となってきた。ヒューエルの造語は，科学の制度化につながることになった。それまで科学は主に大学外の人，アマチュア（ラテン語の"ama"は愛するという意味）の人によってつくられた学問であった。しかし，この19世紀中葉に，専門学会が組織され，科学は専門的な訓練を受けた者が従事するようになってきた。またこの専門家養成のため，それまで神学，医学，法学とそれらの基

11　西周は『百一新論』（1874）において"philosophia"を「哲学」と訳した。これが定着した。
12　村上陽一郎『新しい科学史の見方』（日本放送出版協会，1997）には，要約すると次の記載がある。「pianist, dentist のように○○を弾く人（扱う人）のように狭い意味をもった名詞につくことはあるが，science（知識）のようにたいへん広い意味をもった名詞には…ian とすることが一般的である。上記の例では，musician（音楽家），physician（内科医）である。ダーウィン進化論擁護者として知られているトマス・ハクスリー（Thomas Henry Huxley, 1825 ～ 1895）は規則に合わない造語"scientist"を嫌った」。なお，physicist（物理学者），chemist（化学者），naturalist（博物学）もヒューエルの造語である。Science の一部の研究者である物理，化学，博物の研究者を scientist と同列に表現するのはやはり奇妙である。
13　第6章参照。

図 1.2 日本訪問（1922 年 11 月 17 日から 12 月 29 日）したアインシュタイン
東京帝大で 6 日間の特別講義の他，仙台公会堂，名古屋国技館，京都市公会堂，大阪中央公会堂などで一般講演を行った。左図は日光金谷ホテルに同行した漫画家の岡本一平と炭火で上昇する空気に浮く紙片を楽しんでいる姿。右図は相対論研究者の石原純と共に知恩院の廊下の響きを楽しんだ。彼は次のように日本の印象を語った。「日本人のすばらしさはきちんとした躾や心の優しさにある。日本人はこれまで知り合ったどの国の人よりも，うわべだけでなくすべてのものごとに対して，物静かで，控えめで，知的で，芸術好きで，思いやりがあって非常に感じがよい人たちです。これほど純粋な人間の心をもつ人はどこにもいない。この国を愛し，尊敬します」

盤となる自由学芸が主だった大学に，理学部が創設されるようになってきた。

　大学において，実験講座が誕生したのは 1842 年のことである。ドイツのギーセン大学のユストゥス・リービッヒ（Justus von Liebig, 1803 ～ 1873）は，大学内に化学実験室を設け，そこを実験教育の場とした。この学生実験を主体とした教育制度をギーセン教育制度という。リービッヒは，パリに留学したときゲイ・リュサック（Joseph Louis Gay-Lussac, 1778 ～ 1850）[14] がもつ造兵廠の実験室において，

14　一定圧力のものでの気体の熱膨張率が一定となることを述べたゲイ・リュサックの法則（1802 年）で知られている。シャルル（Jacques Alexandre Cesar Charles, 1746 ～ 1823）は，1787 年，空気，窒素，酸素，水素，二酸化炭素は，0℃～ 80℃で同じ割合で膨張することを発見したが，発表をしなかった。現在は，シャルルの法則あるいはシャルル–ゲイ・リュサックの法則と呼ばれている。

化学実験の指導を受けたことから，私財を投じて，学内に器具や薬品を購入して学生実験室をつくった。ここで育った学生が研究者となったことで実験室が教育と研究の先駆けの場となった。

これにより，科学者（scientist）という言葉が流布し，その専門化集団が大学内で育成され，科学の職業化が始まった。

1.2 二つの文化

文豪ヨハン・ゲーテ（Johann Wolfgang von Goethe，1749 ～ 1832）[15] は，ニュートンの理論が風靡していた時代に，ニュートンの『光学』（1704 年）に納得[16]できず，1810 年に『色彩論』を著した。その書には「白と黒との接触から色が生まれる」「彩られた影」と，心に届く言葉が多くあるが，自然哲学とは異なる。ゲーテは，色彩のもつ美と精神的な作用を文字で表現しており，「色は光と闇の混合から生じる」としたアリストテレスの影響を受けている。ゲーテは，白と黒との対比，光と闇を明順応と暗順応において整理し，実験，観察を行った。数学的自然哲学を嫌い，ニュートン光学からすると異質であるが，美術で知られている色相環（色環）を提唱している。可視光のスペクトルでは赤と紫は両端にあり，赤紫はスペクトルに現れず，赤紫という色の発想はでてこない[17]。なお，ゲーテは，学問の細分化，

15　ゲーテは，詩人，劇作家，小説家として著名であるが，鋭い感性のもと，光学，植物学，地質学，解剖学の研究を行っていた。『色彩論』は 20 年かけた労作である。
16　科学者は「わかる，わからない」であるが，生活者は「納得する，納得しない」である点に違いがある。「わかる」は，新たな知識を得たということでなく，自分がすでに持っている知識によって解釈できたと捉えることができる。
17　赤紫はスペクトルに現れない。人の目の構造によるため，仮想的な赤，緑，青を原色として色度図を用いて理解できる。

ニュートンの光学は
間違っている!
色彩は光の行為である。
行為であり、受苦である。
光と闇が大切なのだ。

ゲーテ

図 1.3 ゲーテ

知識の解体が進んでいる状況を嘆き，物質世界全体の知識を研究する者を表現する適切な言葉を求めていた。ゲーテは，Savant では知者という意味をもつこともあるのでおこがましい，それにフランス語からの言葉であるので工夫があった方がよいと考え，提案された scientist に賛同した。

　ケンブリッジ大学の C. P. スノー（Charles Percey Snow, 1905 〜 1980）は，1959 年，「二つの文化（The two cultures）」を唱えた[18]。科学の専門化および細分化が進んで，科学者は文学に対する興味関心が小さく，文学的知識人は科学に関する知識がまったくなく，互いの知識や概念に共有部分がほとんどない[19]。双方の乖離が進んでいると警鐘を鳴らした。そこで，次のことを問うたらどうだろうか。『坊ちゃん』を読んだか/加速度を説明できるか。さらに，『マクベス』を読ん

18　1959 年度リード講演での発言である。スノーは，物理学者であり，作家でもある。
19　このような状態を共約不可能性という。共約不可能性は，幾何学の言葉（概念）である。
20　Culture は，もともと，耕作を意味していた。土地の開墾が人間精神を改善することから修養，教養，文化を意味することになった。

だか(鑑賞したか)/熱力学第2法則を説明できるか。"culture"[20] は「教養」の意味もある。シェークスピア[21] の作品を読んでいない人は教養がないと評されるが、エントロピーを知らなくても特に気にされていないことに対して、スノーは懸念した。

　文系出身者が多い日本では、科学は市民感覚では捉えにくく、そもそも科学が文化に含まれていると考えている人は少ない[22]。科学は、遊離している、排他的である、知識が確実である、真理の保証である、問題解決能力がある等々のイメージがあって、その真理を伝えることが難しい。学問の細分化の進行を抑えることは困難であるが、教育においては、科学の全体像を伝えることが重要なのであろう。

1.3　科学とは何だろうか

　自らの五感にもとづく素朴な考えが正しいことの保証はどうしたら得られるのだろうか。その考えを順序立てて伝え、多くの賛同者を得ても、その考えの正しさが証明されたわけではない。人類は、自然学と呼ばれる以前から、自然のしくみ、変化の謎の解明にチャレンジしてきた。これを科学構築の試みとするなら、その方法を歴史的に探っていくことが科学史の役割であろう。

　言語・分析哲学者ルートヴィッヒ・ウィトゲンシュタイン（Ludwig Josef Johann Wittgenstein, 1889 ~ 1951）は「論理的な言葉で書け

21　ウィリアム・シェークスピア（William Shakespeare, 1564 ~ 1616）は、最も知られた劇作家である。『ハムレット』『マクベス』『オセロー』『リア王』の悲劇、『ヴェニスの商人』『ロミオとジュリエット』など英語辞書がつくられるほど言語にも影響を与えた。
22　広辞苑には「人間が自然に手を加えて形成してきた物心両面の成果。衣食住をはじめ科学・技術・学問・芸術・道徳・宗教・政治など生活形成の様式と内容を含む」とあって、科学も技術も含まれている。

る学問は科学のみである」と述べた。確かに，論理的に，順序立てて説明することは科学的説明の必須条件であるが，自然現象を本質から説明するには実験あるいは観測の結果に依拠することになるため十分ではない。科学史家の広重徹[23]は『物理学史』において，科学を定義することは極めて難しく，定義ができるか疑問も残ると述べつつ，「因果的法則性の追求，累積的発展，体系化への志向，客観的検証可能性，実験，数学的・論理的推論，技術との結びつきの可能性，などのいくつかを欠くものは自然科学とはみなされないであろう」とした。

因果的法則性の追求：2つの事象の間で1つの事象が変化したとき，もう1つの事象も変わる関係を相関関係という。相関関係のうち，1つが原因でもう1つが結果となるときの2つの関係を因果関係という[24]。原因なしではどんな現象も起こらないとして，原因と結果の間を結ぶ法則を因果的法則あるいは因果法則という。

累積的発展：科学の業績は次々と積み重なる。ガリレオの気づきをデカルトが整理し，ホイヘンスが発展させ，ニュートンが体系とし，オイラーが数学的に表示し，…，と一つひとつの業績が積み重なって発展することである。

体系化への志向：部分に分けることができ，それら部分どうしが相互に矛盾なく関連をもって全体が構成されているシステムである。

客観的検証可能性：科学が真理を探究している特徴は，それが反証可能性であるからである。反証可能性とは修正あるいは訂正ができるということである。どんな法則でも絶対的ではなく，否定されることもある。

23　広重徹（1928〜1975）は，『物理学史Ⅰ・Ⅱ』の他，『戦後日本の科学運動』（1960），『科学と歴史』（1965），『科学史のすすめ』（1970），『科学の社会史』（1973）などを著し，日本の科学史界を先導した。
24　因果は，前に行った善悪の行為が，それに応じて結果となって現れてくるということを意味する仏教用語である。ことわざに「親の因果が子に報い」がある。親が犯した悪行のために，何も罪のない子どもが災いを受けることである。ここでの因果は causality をいう。

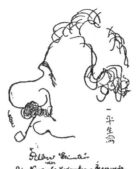

図1.4 アインシュタインの言葉
「光を光の速さで追いかけたら，光は止まって見えるのだろうか」「数学的な構成が，私たちに概念とそれをつなぐ法則を発見させてくれ，自然現象を理解する鍵を与えてくれます」「自由落下している人は重力を感じない」「私はこれまで，これほど懸命に研究に精を出したことはありませんでした．この問題（一般相対性理論）に比べれば，特殊相対性理論は子どもの遊びです」「科学は自由に言論が行われる雰囲気の中でしか花を咲かせない」

実験：特定の現象あるいは関係を知ることを目的として，人為的に整えた条件のもとで起こる現象を，適切な装置を用いて観測，測定することである．実験[25]は，仮説を検証してその正しさの証明あるは反証を示す．

数学的・論理的推論：自然の定量的研究するに，最良の道具が数学である．ユージン・ウィグナー（Eugene Paul Wigner, 1902 ~ 1995）は「科学における数学の理不尽な有効性」と述べたほどに，科学と数学は密接な関係になる．

技術との結びつきの可能性：科学で得られた知識によって技術が発展する．あるいは，技術により得られた知見を科学が説明する．このよ

25　ロバート・P・クリース『世界でもっと美しい10の科学実験』（日経BP社，2006年）には，「美しい実験は，自然について深い事柄を明らかにし，しかも世界に関するわれわれの知識を塗り替えるようなかたちでそれを成し遂げる」と述べ，これらがもつ深いこと，効率的であること，決定的であることを3つの要素としている．

うな，技術に結びつく理論あるいは実験が科学のもつ特性の1つであるという。

　朝永振一郎[26]は『物理学とは何だろうか』において，物理学は絶えず変化しておりこれからも変化するとしながらも，物理学を「われわれをとりかこむ自然界に生起するもろもろの現象 ── ただし主として無生物にかんするもの ── の奥に存在する法則を，観察事実に拠りどころを求めつつ追求すること」とゆるやかに定義した。

26　朝永振一郎（1906 〜 1979）は，理化学研究所仁科研究室研究員のときにハイゼンベルクのもとへ留学後，東京文理科大学教授，東京教育大学学長，日本学術会議会長などを務めた。超多時間理論（1943年），くりこみ理論（1948年）を提唱。1965年度ノーベル物理学賞をシュウィンガー（Julian Seymour Schwinger, 1918 〜 1994），ファインマン（Richard Phillips Feynman, 1918 〜 1988）と共同受賞。

第 **2** 章

古代ギリシアの自然学

古代ギリシア時代は、神話的・呪術的な自然観から、科学的・論理的な自然観へと科学が進歩する黎明期であったのだ。

アリストテレス

2.1 文明のはじまり

　人類学[1]によると，およそ700万年前，アフリカでチンパンジーとの共通祖先から猿人が分かれて，ヒト亜族が誕生した。ヒト亜族は，およそ300万年前，アウストラロピテクス属などと分かれてヒト属が出現した。さらにヒト属は，およそ50万年前，北京原人やジャワ原人などのホモ・エレクトゥスと分かれ，ホモ・サピエンス[2]だけが生き残り，ホモ・サピエンス・イダルトゥと分かれ，現生人類であるホモ・サピエンス・サピエンスが東アフリカのリフトバレー付近で誕生した。およそ20万年前のことであり，ヒトの歴史の始まりである。ホモ・サピエンス・サピエンスは，アフリカを出て（アウト・オブ・アフリカ），世界中に広まった。およそ7万年前，ホモ・サピエンス・サピエンス（人間）は，脳の発達に伴い，思考を整理するため，あるいはコミュニケーションツールとしての言語を発明し，使用するようになった。

　農耕と牧畜は，およそ1万年前，西南アジアや中国，メキシコ，南米などで開始された。野生植物を栽培し，野生動物を飼育することによって，食糧の能動的獲得に踏み出した。耕す（cultivate）は文化（culture）[3]の基盤となった。特に，穀物の栽培は集落社会をつくるきっかけとなった。

　最も早く農耕文化を育んだメソポタミア[4]平原を含めて，シリア，

1　人類学には，生物としての人間を問う形質（自然）人類学と人間が築き上げてきた文化を課題とする文化人類学に分類されている。ここでの人類学は，形質（自然）人類学のことである。
2　サピエンスは，ラテン語で「賢者」を意味している。因みに，英語の sapience は「知恵」「知ったかぶり」などを意味する。
3　自然人類学者の尾本恵市は，文化を「遺伝によらず，価値判断によってある集団に生ずる現象」と定義している。

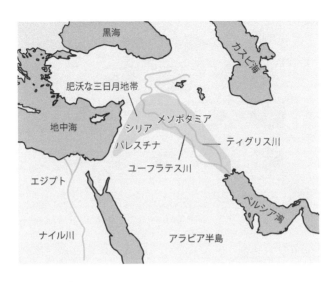

図 2.1 肥沃な三日月地帯

パレスチナあたりまでを肥沃な三日月地帯（Fertile Crescent）とい
う（図 2.1）。肥沃な三日月地帯は，土壌の養分が多く，気候が温暖
であるため野生の麦類が自生していた。その東側がメソポタミア文明
の地である。歴史はメソポタミアから始まった。

　メソポタミアは，ティグリス川とユーフラテス川の河岸にある低地
で，山や砂漠のない開放的な地である。北の地域をアッシリア，南の
地域をバビロニアという。バビロニアを南北に分けると北部がアッカ
ド，南部がシュメール[5]となる。これらの地方で生まれた複数の文明
の総称をメソポタミア文明という。

4　ギリシア人ポリュビオス（Polybius，BC204 頃〜 BC125 頃）が『歴史』の中で最初に
用いた地名である。ギリシア語で「メソ」は中間，「ポタミア」は川を意味するので，メ
ソポタミアは大河に挟まれた地域を意味する。
5　「歴史はシュメールに始まる」と言われるほどに，メソポタミアの中でも，シュメー
ル人が最古の都市文明を築いた。

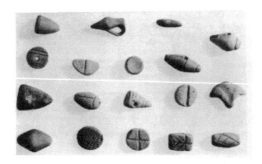

図 2.2 トークンには，プレイン・トークンとコンプレックス・トークンがある

　BC3500 年より以前，直径 1 cm ほどの大きさの粘度に形や刻み目
を入れたトークンという小物があった（**図 2.2**）。これは，計算具と
して，穀物の貸し借りあるいは家畜の商いの際の記録として用いられ
た。これが，最古の文字である楔形文字へと発展した。楔形文字は，
粘土板に刻まれた。
　知性は，数と文字とともに誕生した。シュメール人は，数を 60 進
法で表した（ただし，0 は含まれていない）。指の数である 10 を基本
としているが，右手の親指から小指までで 5 を数え，そのまま戻って
親指で 9 となる。次は，左手の親指を立てて 10 とし，11 は左手親指
と右手親指で表した。これを繰り返していくと，左手の小指，戻って
きた親指で 59 まで数えることができる。この記数法の他，逆数，掛
け算，平方，平方根などを表にした。そればかりか，ピタゴラス[6]数
$c^2 = a^2 + b^2$ の表もつくられていた（正方形の関係である，$c^2 = 2a^2$ の
考察も粘土板に記されている）。ピタゴラス数とは，(5, 3, 4)，(13,
12, 5)，(17, 15, 8) のような数の組である。なんと，(6649,
4601, 4800) のような大きな数までも求めていた。これは，直角三角

6　ピタゴラスは，この時代から 1,000 年ほど後の人である。

形の関係であるピタゴラスの定理を知っていたかのように思えるが，メソポタミア人がピタゴラス数を幾何と関連付けていたかどうか確認されていない。

　バビロニア人は，2次方程式の解法を知っていた。その解法は，解の公式と基本的に同じであるが，解が2つあることを知っていたかどうかは確認されていない。

　メソポタミアから 1,000 km ほど南西に位置するナイル川の河畔において栄えたエジプト文明[7]は，まさにナイルの賜物であった。7月中旬から10月中旬に起こるナイル川の氾濫による上流からの養分が肥沃な土壌をつくった。この肥沃な土壌である「黒い土地」をケメ（kemet）といった。ケメは，英語の chemistry それに alchemy の語源である。化学（および錬金術）は，反応の学問であり，肥沃な土壌から多くの作物が成長することからの命名である。メソポタミアから多くの文化要素を受け継いでいるが，出来上がったものはエジプト独自のものが多い。文字も象形文字であり，記数法は10進法，計算法も加法原理に基づくものである。

　エジプトでは，メソポタミアと同様に，月の満ち欠けを基にした陰暦を用いていたが，ナイル川の規則的な氾濫時期を知るには，精度が悪かった。氾濫期の始まり（夏至の頃）の東の空に，日の出とともにシリウスが昇ることに気づいた。これをヘリアカル・ライジング（heliacal rising）という。当時の人々は神のお告げと感じたが，精度のよい周期性あるいは循環性のある自然現象の発見であった。ヘリアカル・ライジングから次のヘリアカル・ライジングまでの太陽が南中する回数を数えて365を知り，これを1年とした。また，月の満ち欠けの回数を数えて，30日を1か月とした。1年を12か月とすると5日余る。これをエパゴメス（付加日）とした。これがエジプト暦である

7　第1王朝は，BC3000年頃であった。第4王朝第2代のクフ王（在位：BC2589 ？ ～ BC2556 ？）時代にギザの大ピラミッドが建造された。大ピラミッドの門前にある大スフィンクスは，クフ王の息子カフラー王が BC2500 年頃に建造した。

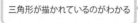
三角形が描かれているのがわかる

図2.3 リンドパピルス（大英博物館）

（エジプト暦の1日は24時間であったが，1週間は10日であった）[8]。

エジプト人は，カヤツリグサ科パピルス草の茎の繊維でつくった筆記媒体パピルスを使っていた。スコットランドの古物研究家ヘンリー・リンド（Alexander Henry Rhind, 1833 ～ 1863）が，1858年にルクソールで購入したためリンドパピルスと言われている（**図2.3**）。リンドパピルスは，BC1650年頃に書かれた数学文書で，84の例題と解答からなる。乗法と除法，それにこれらの速算表，等差数列と等比数列など数に関わる例題，直角三角形，二等辺三角形，長方形の面積，円の面積の近似法[9]などの幾何[10]に関わる例題，それに報酬支給のための分配法などの実用的な例題もある。ギリシアの歴史家ヘロドトス（Herodotos, BC484頃～ BC420頃）は，縄張り人という測量士がいて，彼らは3—4—5の間隔で結び目をつくった縄で三角形をつくり，ピタ

8　この暦が定まってから，祭祀はヘリアカル・ライジングが365日周期ではなく365.25日周期であることに気づいた。しかしながら神官は，不統一であることを理由に，1年を365日のままとした。このため4年ごとに1日，ヘリアカル・ライジングの日がずれる。BC1680年頃，閏年を設けたことがある。なお，1週間を五惑星，太陽，月で7日としたのはバビロニアである。

9　求める円の半径rとして面積を$(16r/9)^2$で計算した。これは円周率を3.16…として計算したことと同じである。

10　geometry（幾何）は，エジプトの測地に由来するギリシア語の「土地を測る」を意味する語に由来している。

ゴラスの定理を使って直角を得たと書いている。ピラミッド[11]を建造する際にどうしても直角が必要なので，信じやすい話であるが，この話を支持する資料（証拠）はない。

2.2　ギリシアの自然学

　このようにオリエント文明[12]における知識は，都市生活の管理・運営に役立つ実用・実践的で実用知識を集めたものであり，断片的であり，処方箋的な知識であった。このため最終的な問いに対しての答えは「神」に委ねられた。神話的あるいは呪術的説明からの脱皮が見られる段階に入ったのがギリシア科学である。このため，ギリシアの自然学は近代科学にとって直接関係が深い。

　ギリシアは，メソポタミアからも，エジプトからもそう遠くなく，これらの文化の知が融合可能な地理的位置にある[13]（図2.4）。鉄を武器に使用したヒッタイト人の支配していた小アジアの西岸沿いにあるイオニア地方の植民都市ミレトスに学派が生まれた。タレス（Thalēs，BC624頃〜BC546頃）[14]は，「万物は水から成る」と述べた（図2.5）。すべての物質の根源が水であるとしたのである。自然現象は神の力ではなく自然自らの過程で生じたとして，原因を神に委ねず，

11　ギザの大ピラミッドの高さは約147 m，底辺の長さは約230 m，勾配は約51度51分である。
12　メソポタミア，エジプトを中心とする文明の総称。オリエントは，インダス川から西の地中海に至る地域をいう。
13　ギリシアは，およそ3300の島々と複雑な海外線に囲まれ，地理的にも独立した都市国家（ポリス）の集まりであった。
14　七賢人の一人である。他の6人は，プリエネのビアス，サラミスのソロン，ラケダイモンのキロン，リンドスのクレオブロス，ミュティレネのピッタコス，ケナイのミュソンである。

図 2.4 古代ギリシアの地図

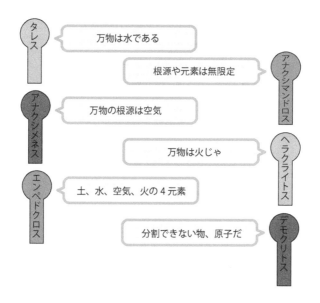

図 2.5 古代の元素説

また実利実用を主たる目的としなかった。誰でも理解することが可能
で，理性（ロゴス）による説明を試みた。それに，「万物は水から成る」

は，自然の根源（アルケー）を追求するための言葉と捉えることができるため，タレスは学者の始祖とされている。彼の名を冠した幾何学の定理「半円に内接する角は直角である」（タレスの定理）がある。これは，彼がバビロンに出かけたときに学んだとされている。この他にも，彼の名を冠した定理は3つ[15]ある。エジプトに出かけたときに大ピラミッドの高さを求める際に幾何の知識を使ったとされ，タレスは最初の幾何学者とも言われている。また，BC585年5月28日に起きた日蝕を予言したとか，琥珀を布で擦ると物を引き付ける力[16]をもつと述べたとかとも言われているがタレスの業績であるかは定かではない。

タレスの幾何学は，そのまま受け入れられたが，アルケーに関してはいろいろな説が出された。同じミレトスのアナクシマンドロス（Anaximandros, BC611頃〜BC547頃）は「根源や元素は無限定なもので，特定の物質に限定せず，世界の部分は変化するが全体は不変である」と述べてタレスに反論し，その弟子のアナクシメネス（Anaximenes, BC578頃〜BC525）は，生命ある者は息をしていることにより「万物の根源は空気である」と対案を出した。タレス，アナクシマンドロス，アナクシメネスを，自然界の事物を構成する単一の原理を追求した自然学者としてミレトス学派という。

ミレトスの少し北にあるエフェソスのヘラクレイトス[17]（Heraclitus, BC535頃〜BC475頃）は，万物の根源は火であると述べた。また，シシリー島のエンペドクロス（Empedocles, BC493頃〜BC433頃）は，土，水，空気，火の4つを不変の根源物質（元素）として，4元素論を提唱した。

デモクリトス（Demokritos, BC460頃〜BC370頃）は，このよう

15　他の3つは，「二等辺三角形の2つの低角は等しい」「対頂角は等しい」「2つの三角形の2角と2角，1辺と1辺とが各々等しければ，これら2つの三角形は合同である」である。
16　琥珀を意味するギリシア語エレクトロンは電気（electricity）の由来になった。
17　自然は絶えず変化していると考え，「万物は流転する」と述べた。

な環境の中，すべての物質は究極にまで分割すれば，それ以上分割できない原子（atomon）に達するとした原子論を提唱した。ギリシア語である atomon の a は否定語，tomon は分割を意味するため，atomon は分割不可能な究極の粒子を表している。原子は，大きさと形をもつが，それ以外の性質をもたない不生不滅で自己同一性をもつ究極物質である。エレアのゼノンの弟子レウキッポス（Leukippos，BC450 頃活躍）が原子論を最初に提唱し，弟子のデモクリトスがレウキッポスの説を定式化したという説もあるが，確かではない。デモクリトスが最も影響を受けたのはピタゴラス派であることは確かである。

　ピタゴラス（Pythagoras, BC570 頃～ BC490 頃）は，幾何学の業績，特にピタゴラスの定理で著名である（**図 2.6**）。ピタゴラスは海岸の町ミレトスに近いサモス島で生まれ，ミレトスで亡くなったこともあって，タレスの弟子であるとも考えられている[18]。彼は，イタリア半島の港町クロトンで教団ともいえる学派をつくり，それを率いた。この教団の教義は，霊魂は不滅とし，肉体が滅びると霊魂は別の動物

霊魂は不滅であり、
肉体が滅びると霊魂は別
の動物に宿り、
その肉体が滅びるとまた
別の動物へと宿るのだ。

ピタゴラス

図 2.6　ピタゴラス

に宿り，その肉体が滅びるとまた別の動物へと宿るということを繰り返し，長い年月の後に，再び人に戻るという輪廻転生説である。彼は，エジプトで多くの秘教を学び，それらとギリシアに古くから伝わるオルペウス教を基に教義とした。では，ピタゴラスの定理などの幾何の研究は誰が行ったのか。それは，ピタゴラスの教団には，聴聞生と学問生の2つのグループがあって，この学問生がピタゴラス派となり，数学の研究を行い，「万物は数なり」を唱え，ピタゴラスの定理，ピタゴラス音律[19]などの業績に関係したと捉えられている。またピタゴラス派は，「智への愛」を意味する"philosophy"の語源と「学ばなくては会得できない知識（学識）」を意味する"mathematics"の語源をつくった（共に古代ギリシア語）[20]。

2.3 アリストテレスの自然学

　デモクリトスと同世代を生きたソクラテス（Socrates，BC470〜BC399）は，世界の四聖[21]と言われ，現代でも理想の人物である。ソクラテスの弟子にプラトン（BC427〜BC347）がいる。プラトンは，ピタゴラス派の数理的思弁の影響を受けている（このため，プラトン

18　タレスとの年齢差はおよそ54歳，タレスはピタゴラスが20歳前半の時に亡くなっているので師弟関係とするのは不自然なのかもしれない。
19　低い音階から高い音階までの音程の高さを定める規則を音律という。弦の長さを3/2にするとドからソに変化し，長さを3/4にするとドからファに変化することを示した。
20　ピタゴラスが「知者ではない，知を愛する者だ」と言ったため，学派の誰かが造語したと言われている。古代ギリシア語のマテーマティカの動詞マンタノーは「学ばれるべきことども」を意味している。また，この2つを「哲学」および「数学」と日本語としたのは西周（1829〜1897）である。
21　他の3人は，釈迦（BC563頃〜BC483頃），孔子（BC552頃〜BC479），イエス（4頃〜33）である。

はピタゴラス以上にピタゴラス的であると言われている）。プラトン
は，哲学の確立を目的としてアカデメイアを設立した。この学校の扁
額に「幾何学をせざるもの，この門に入るべからず」と掲げていたほ
ど幾何学を基礎・基盤とした。アカデメイアでの幾何学研究の成果は，
ユークリッド（Euclid，BC300年頃に活躍）の主著『原論』の中に数
多く取り入れられている[22]。アカデメイアの学生に，万学の祖とされ
るアリストテレス（Aristoteles，BC384 ～ BC322）がいる（**図2.7**）。
アリストテレスは，『自然学（Physics)』を著したばかりではなく，
近代物理学構築に最も影響を与えた巨匠である。アリストテレスを越
えない限り，近代物理学の形成はなかったと言える。

　『自然学（Physics)』では，デモクリトスの原子論についても論じ
ている。それ以上分割できない原子が存在するなら，原子と原子の間
は空虚な空間，すなわち真空がなくてはならない。アリストテレスは，
「ないものがあるということが間違いであると同様に，物質のない空
間をあるとすることはできない」，それに「分割不可能な究極的な物
質というものは，大きさをもった物が壊れない」ということであり，
無理があると考えた。真空嫌悪説である。

　アリストテレスの4元素論は，元素である土—水—空気—火は不変
不滅ではなく，相互に転化する。転化には，乾—湿と温—冷という互
いに対立し合う2つの性質の組が作用する。乾と冷が与えられると土
となり，乾と温で火，湿と温で空気，湿と冷で水となる。このように
4つの元素は流動していると考えた。

　アリストテレスは『自然学』の中で，変化を，①事物の実体的変化
を意味する生成消滅[23]，②性質の変化を意味する変質，③大きさの変

22　なかでも，プラトン立体（正多面体）はよく知られている。『ティマイオス』で正4
面体，正6面体（立方体），正8面体，正12面体，正20面体のことを述べているため，
このように呼ばれているが，プラトンが発見したわけではない。ピタゴラス派が正4面体，
立方体，正12面体，アカデメイアの研究員テアイテトスが正8面体と正20面体を発見した。
23　①は誕生と死を意味する生物的な変化である，②は化学的な変化を主に指す。

> 宇宙は球形で、地球を中心として階層構造を成している。地球内部も同様だ。

アリストテレス

図 2.7 アリストテレス
右図は，プラトン（左）と歩きながら議論するアリストテレス
プラトンは，アリストテレスが 37 歳のときに 80 歳で亡くなっている．

化を意味する増大と減少，④位置的な変化の 4 つに分類して考えた。
④にある位置的変化は，物体の運動を意味し，後の近代物理学に影響
を与えた。

　アリストテレスの位置的運動は，彼の宇宙論に関わっている。彼の
著『天体論』によると，宇宙は球形で，その中心に地球[24]がある。
この球形には，いくつかの同心天球（球殻）がある。地球に近い最も
小さな天球が月を運び，次に水星，金星の天球，さらに太陽，火星，

24　アリストテレスより以前のギリシアの学者は，月が球形をしていることを月の満ち欠
けから知っており，大地が球形であることも知っていた。アリストテレスは，『天について』
において，大地が球形であることを「陸地に近づく船から陸地の山を見ると，山頂の方か
ら徐々に麓あたりが見えてくる」「北や南に旅行すると星座の高度が変わる」「月蝕は大地
の影であり，その影は円であること」など 10 の証拠を挙げて説明している。アリストテ
レスは，大地が球の表面であるとの地球概念を持っていた。

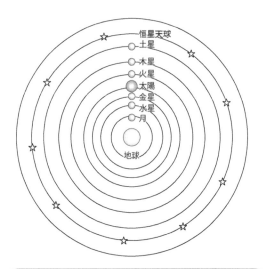

アリストテレスの宇宙像は球を中心とした素朴な
天動説である。
月の内側を地の世界、月の外側を天の世界とした。

図2.8 アリストテレスの宇宙像

木星，土星の天球があり，全体が玉ねぎのような構造になっており，
恒星は最も外側の1日に1回転する天球に固着されている。

　地球内部も中心のまわりに階層構造を成しており，物質は中心から
重さの順に階層を各々固有の場所（本来の場所）としている。固有の
場所にあれば，安定して静止状態[25]にある。このため，地球中心近
くに固有の場所をもっている重い物体，遠い場所に固有の場所をもっ
ている軽い物体とを同じ高さから同時に落下させると重い物体が速く

25　静止の状態が安定であり，自然的運動にある状態は一定速度で運動していても安定に
なろうとしている状態である。慣性の原理は静止の原理であるとしていたのである。

落ちる。これは，近代物理学成立までの常識であった。重い物体が速く落下するのは固有の場所が遠いためであり，軽い物体が遅いのは固有の場所が近いためであると考えた。このように，固有の場所に戻ろうとする（物体の本性に従った内発的な力に基づく）運動を自然的運動といい，そうでない（外発的な力により物体の本性に逆らって行われる強制的な）運動を強制的運動として区別した。

またアリストテレスは，天と地を峻別し，その境を月とした。月下の世界（地）は，土，水，空気，火の4つの元素からなり，運動は固有の場所に戻る自然的運動で直線的である。火の固有な場所は高いところにあるため上に運動し，土は最も低いところにあるため下に運動する。空気と水は，これらの間に固有な場所がある。4元素は，各々の固有な場所に達すると運動は終わる。月上の世界（天）は，第5の元素であるエーテル（aither）からなり，その運動は天球に固着した天体のように地球のまわりを回転しており，円的（円運動）[26] である。これらの考えが，錬金術と占星術を生むことになる。

アリストテレスによると，物体は常に媒質の中を運動している。月下の世界では，空気や水などの媒質中を運動する。月上の世界では，天体はエーテルを媒質として運動している。月下の世界で，重い物体ほど媒質をかきわけて進むことができ，速く運動する。しかし，媒質がなければ，すなわち真空中では無限の速さとなってしまう。このため真空は存在しない。ここでも真空嫌悪である。

アリストテレスの理論は，日常での経験を基にし，体系化された学問の枠組みに従って強固に構築されていることもあって，近代物理学が現れるまでの1900年間，基本的に保たれた。運動を観察するだけでは，アリストテレスの理論を脱することはできなかったのである。

26　完全な幾何学図形が円であり球であるとされていた。

世界の大きさを測る

　ストラトン（Straton，BC340 頃〜 BC268）[27] に学んだとされるアレクサンドリアのアリスタルコス（Arstarchus，BC310 頃〜 BC230 頃）は，太陽までの距離測定に挑戦した。アリスタルコスは，月は太陽からの光が反射して光ると考えた。すると，上弦あるいは下弦の月が見られるとき，太陽—月—地球がつくる角が直角となる（**図 2.9**）。そこで，上弦の月から下弦の月までの日数と下弦の月から上弦の月までの日数の差を数えて計算すると，太陽—地球—月の角度が 87 度 [28] であることが計算できた。このことから，地球—太陽の距離は地球—月の距離の約 19 倍となる。またアリスタルコスは，太陽中心の地動説を唱えたことでも知られている [29]。

　アリスタルコスの活躍から 50 年ほど過ぎた頃，アレクサンドリアで活躍した多芸多才の学者エラトステネス（Eratosthenes，BC275 頃〜 BC194 頃）は，地球の大きさを測った最初の人である。エラトステネスは，シエネ [30] では夏至の正午に井戸の底がしっかり見えるまでに太陽光が真上から入るが，アレクサンドリアではそうなっていないことに気づいた。大地が球形をしていることを知っていたエラトステネスは，グノモン（日時計に用いられる直立の棒ないし三角形）を

27　アリストテレスがアテナイに BC335 年に創設した学園リュケイオンで学び，3 代目学頭となった自然学者である。アリストテレスの自然学をそのまま継承せずに修正を行った。アリストテレスの真空嫌悪説を部分的に否定し，気体が微粒子からできていると考え，デモクリトスの考えを取り入れた。

28　現在の測定では，89.853 度と 90 度に近い。

29　ただし，太陽も，恒星も静止させた系である。

30　シエネは，現在のアスワンで，ほぼ北回帰線上の北緯 24 度 05 分・東経 32 度 55 分に位置しているため，夏至の南中時に太陽はほぼ真上に昇る。アレクサンドリアは，アレクサンドロス大王が名付けたギリシア風都市である。北緯 31 度 12 分・東経 29 度 56 分に位置している。

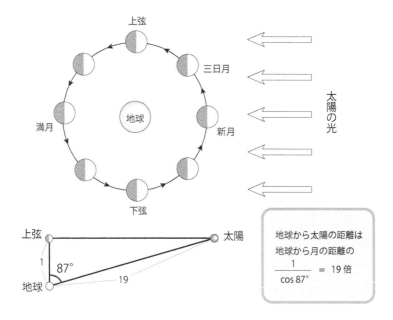

図 2.9　アリスタルコスによる太陽までの距離測定法

使って測定して，アレクサンドリアでは，夏至の正午での太陽光は 7.2度（円全体の 1/50）傾いていることがわかった[31]（**図 2.10**）。幾何学を用いると，地球の周長はシエネとアレクサンドリアを結ぶ大円の周長を 50 倍すればよいことがわかる。上流のシエネから下流のアレクサンドリアまでの距離は，当時，ナイル川の氾濫に関わる重要性から歩測での測量が行われていた。シエネ―アレクサンドリア間の距離が 5,000 スタディアであるので，地球の周長はその 50 倍の 250,000 スタディアという結果を得た。

　スタディアはスタディオンの複数形で，スタディオンは，太陽が太

---

[31]　エラトステネスは，『地球の測量について』を著しているが，失われてしまっているため，彼がどのようにして測定したかは間接的な情報しか得られない。360 度 /50 = 7.2 度である。

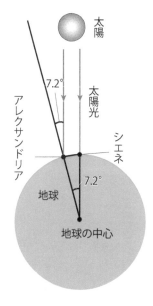

太陽

7.2°

太陽光

アレクサンドリア

シエネ

7.2°

地球

地球の中心

> シエネとアレクサンドリアの距離は
> 5000 スタンディオン
> (1 スタディオンを 0.169km とした)
>
> $5000 \times 0.169 \times \dfrac{360°}{7.2°}$
> $≒ 42,300km$

図 2.10 エラトステネスの地球の大きさ測定法

陽の大きさ分だけ動いた時間に人が歩く距離を 1 とした長さの単位である。太陽は地上のどこから見ても視直径は 0.5 度で, 24 時間で 1 周 (360 度) するとしたならば, その分の移動時間は 2 分である。しかし, 2 分間に歩く距離はさまざまであるため, 長さの単位も地域ごとに異なっている。ここでは 1 スタディオンを 169 m とすると, 地球の極周長は 42,300 km となり, 地球の半径は 6,740 km となる[32]。

　これは, 角度の測定, シエネ―アレクサンドリア間の距離測定, シエネとアレクサンドリアが同じ経度ではないなど多くの問題があるにもかかわらず, 現在の値からすると不確かさ 5%であるため, とてもよい値となっている。偶然であろう。しかしながら, ここで重要なこ

32　アレクサンドリア―シエネ間の距離は 845 km であるので, ここでは 1 スタディオンを 169 m として計算した。現在の測定では, 極周長 39,922 km, 赤道半径 6,378 km, 極半径 6,357 km である。

とは，幾何学の知識で地球の周長を求めたということである。グノモンの影の長さ測定により，地球の大きさを定量的に知ったということである。この測定は，実験が重要であるかどうかを判定する「決定性」をもっていること，数学（ここでは幾何学）を用いて，数値を得て，その結果が正しいかどうかの検証の可能性を示している。「知は力である」を実証した実験である。

　またエラトステネスは，月蝕のときに月の隠れる時間から月の大きさを地球直径の1/4であるとした。地球半径を上記の値を使うなら，月の直径は3,370 kmとなる[33]。月の視直径が太陽と同じであるとするなら，地球—月の距離は月の直径の約115倍となり，388,000 kmとなる。この値をアリスタルコスの求めた地球—太陽の距離に適用すれば7,370,000 kmとなる。太陽の視直径を使うと，太陽半径は32,000 kmとなる。これは，現在の測定値約696,000 kmの22分の1と小さいが，当時は，太陽が地球より5倍（現在の値では109倍）も大きいことが信じられず，アリスタルコスの地動説が忘れ去られた原因の1つとなっている。

33　現在の測定では，月の直径3,475 km，月までの距離384,399 km，太陽の半径は696,000 km，太陽までの距離は1.496億kmである。

column　曜日の順番

　エジプト暦の1年が12か月となったことを本文（p.17）で述べた。人差し指から小指までの関節の数を親指で押さえながら数えていくと12まで数えられる。またあるものを12等分すると，半分，3等分，4等分，6等分をつくることが容易である。これらのため，12は重要な数字とされた。

　古代エジプトでは，1日は昼時間と夜時間に分けられていた。昼時間は，日の出から日没まで日時計がつくる影の動きを基にして12に分け，それを1時間とした（影の動く方向が現在の時計回りとなった）。夜時間は，日没から日の出までを月の動きを基にして12に分けて1時間を決めた。ピラミッドを見てわかるように，エジプト人は対称性を重んじていたため，昼と夜の12時間を合わせて，1日を24時間とした。

　1週間という単位が正式の暦に登場したのは，テオドシウス2世の在位中である西暦429年のことである。7日としたのは，5惑星に月と太陽を加えた数の7に由来する。当時，これらの天体は地球から遠い順に，土星，木星，火星，太陽，金星，水星，月と考えられていた（p.26 図2.8を参照）。この順で1日を1時間ずつ支配する天体を定めると，1日目の最初の1時間は土星，2時間目は木星，3時間目は火星，4時間目は太陽，…，その日の最後の24時間目は火星となる。この規則に従うと，2日目の最初の1時間は太陽，3日目の最初の1時間は月，…，6日目の最初の1時間は木星，7日目の最初の1時間は金星から始まることになる。その日の最初の1時間の天体がその日を司るとされていたため，土星，太陽，月，火星，水星，木星，金星の順となる。その後，太陽の日である日曜日が第1の日（週の初め）とされた。日月火水木金土の一週間の順番が太陽からの距離の順と異なっているのはこのためである。

第 **3** 章

地動説の主張

①地球の中心は宇宙の中心では
ない。
②すべての天球の中心は、太陽の
近くにある。
③太陽の見かけ上の運動は地球の
運動による。

コペルニクス

3.1 プトレマイオス体系

2世紀中葉,エジプト・アレクサンドリアのプトレマイオス(Ptolemaios Klaudios, 85頃〜165頃)が『数学集成』(全13巻)を著した。この本は原著名で呼ばれることはなく,アラビア語で偉大な書を意味する『アルマゲスト(Almagest)』と称されている。この書で述べられている体系(プトレマイオス体系という)を越える体系は,天文学に望遠鏡が使用される17世紀初頭まで現れることはなかった。ニコラウス・コペルニクス(Nicolaus Copernicus, 1473〜1543)が『天球の回転について』(1543年)において地動説を唱えてもなお,その権威と信頼は揺らぐことがなかった。天動説の決定版ともいえる書であり,間違いなく偉大な書である。プトレマイオスは,127年3月から141年2月までの観測記録はあるが,観測家というより数学者[1]であった。それは,天体の運行を数学的に説明することを主としていることによる。執筆時から考えると当然であるが,原因の本質を追究する説明をしているわけではない。

『アルマゲスト』は,ギリシアの天文学および数学の集大成の書である。プラトンの弟子エウドクソス(Eudoxus, BC408頃〜BC355頃)は,地球を中心とする27個の回転球を用いた同心天球説で,太陽,月,5惑星,恒星の日周運動の説明を試みた。彼は,ピタゴラス派から幾何学を学び,それを発展させてユークリッド『原論』の執筆に影響を与えた人物でもある[2]。**図3.1**にある天球Ⅰは日周運動,ⅡとⅢは黄道上の運動,Ⅳは黄道から離れる運動を示している。太陽と月は,黄

---

1 プトレマイオスの生涯は,アレクサンドリア図書館(3.2節で説明)を利用していたという以外不明である。『アルマゲスト』以外にも,『地理学入門』(150年頃)を編纂している。また彼は,アリスタルコスの太陽中心説を地球の自転と公転による影響を考えたうえで否定していた。

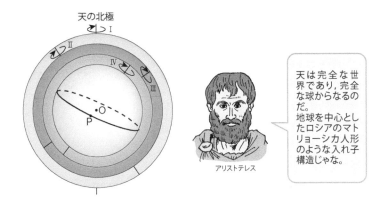

天の北極

天は完全な世界であり、完全な球からなるのだ。
地球を中心としたロシアのマトリョーシカ人形のような入れ子構造じゃな。

アリストテレス

図 3.1 同心天球
4 つの同心天球が独立に回転する。地球は位置 O，惑星は位置 P にある。

道[3]から離れることがないので I，II，III の各々で表されるため計 6 つの回転球，惑星は I，II，III，IV の各々で表されるため計 20 の回転球，恒星は I だけで表されるので合計 27 個が必要となる。

　アリストテレスは天と地を峻別した。天は完全な世界とし，完全な形である球から成り，これら球（天球）は一様円運動をしているとした。エウドクソスの同心回転球はこれら 2 つの根本原理と矛盾はしていないが，金星と火星の運行を説明することはできない。アリストテレスは，同心天球の数をさらに増やして 56 個にして補正した。

　幾何学者アポロニオス（Apollonius，BC250 ～ BC220）は，幾何学的な問題として離心円と周転円というものを考察したのであるが，これを惑星の運行に適用したのがヒッパルコス（Hipparchos，BC190 頃～ BC125 頃）である。離心円は，太陽の円（天球）の中心を地球から少し離した円のことである。離心円の導入によって，春分から秋

2　ユークリッド『原論』の第 5 章，第 6 章，第 12 章はエウドクソスの業績を述べたものであると言われている。また彼には，連分数展開の基礎となる比例論に関する業績もある。
3　太陽が一年かかって 1 周する大円の経路。

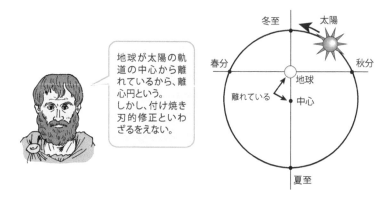

地球が太陽の軌道の中心から離れているから、離心円という。
しかし、付け焼き刃的修正といわざるをえない。

図 3.2 離心円

分の日数は，秋分から春分の日数より長い[4]ことの説明をした。しかし太陽は，中心に関する角速度は同じであるが，地球に関する角速度は変化することになる。これでは，地球を中心に一様な運動とはいえなくなる。また離心円は地球を円の中心から離れた位置にあるとしたため，太陽は地球を中心に運行していない（定量的には地球の位置は3.3％ほどで，太陽の導円[5]（天球）の中心からのずれは小さい）。

　もう1つのアイディアである周転円は，火星，木星，土星の運行を説明するためものである。これら惑星の視運動（地上からの見かけの運動）を1日ごとに決まった時刻に観測すると，順行，留，逆行，順行と変化が見られることがある。順行は背景である恒星に対して西から東に向かう運動のことをいい，逆行は東から西に向かう運動をいい，順行と逆行の間に止まっているときを留という。火星で顕著に観測される（**図 3.3**）。

　周転円の理論は，地球を中心とした円である導円と導円上に中心の

4　年によって異なるが，7日〜9日ほどの差がある。
5　導円とは，地球を中心とした天球のことである。周転円の中心は，導円上にある。導円は従円と訳されることもある。

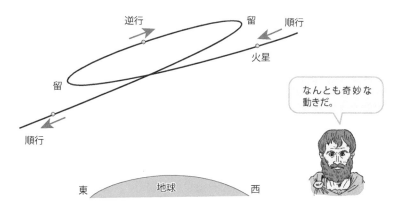

図 3.3 惑星の視運動

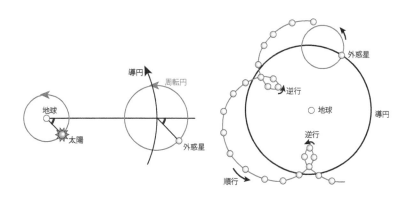

図 3.4 周転円の理論

ある円である周転円の 2 つの円の組み合わせである。周転円の中心は導円の円周上を等速で運動し，惑星は周転円の円周上を等速で運動する。**図 3.4** の左図のような運動である。この 2 種類の円の運動を重ねると，惑星は**図 3.4** の右図に描いたような運動をすることになる。これで，順行，留，逆行する惑星の運動を説明したのである。

　周転円の理論によると惑星は，逆行時に地球に最も近づくことにな

るが，これは惑星が逆行のときに最も明るくなっている観測事実と矛盾しない。プトレマイオスは，5つの惑星（と太陽，月）の運動を説明するため導円と周転円の大きさを変え，合計80個の円を組み合わせることで論じた。また観測事実との矛盾がないように，次の4つの条件を満たすような数学モデルを構築した。①地球と太陽を結ぶ直線と上位惑星と周転円の中心を結ぶ直線は常に平行でなくてはならない。②周転円の半径は，火星，木星，土星の順に小さくなっていなければならない。③地球と太陽を結ぶ直線上に，金星，水星の周転円の中心がなくてはならない。④下位惑星の周転円半径は，太陽からの最大離角の観測値[6]と矛盾があってはならない。ここで，上位惑星とは太陽の外側の天球上を運行する火星，木星，土星のこと，下位惑星とは太陽の内側の天球上を運行する水星，金星のことである。太陽の導円を境にして，2つに分けて論じた。下位惑星の導円の回転速度は太陽の回転速度に等しい，太陽と月の周転円の半径は小さく無視できるなどの結論を得た。

　プトレマイオスは，離心円と周転円の他にもエカントという操作をした。エカントは，離心円において地球の位置である離心点と円の中心を挟んで反対側にある点である。この架空の位置であるエカントから見て，惑星の導円の中心の角速度が一定となるように天球の速さを定めた（**図3.5**の左図）。これにより，惑星が地球に近い位置にあるときは速くなり，遠い位置にあるときは遅くなることが説明できた。

　プトレマイオス体系は，アリストテレスが原理とした一様な円運動に対して，「一様」な運動から逸脱してしまったが，「円」運動は保った。また，複雑であり操作的であるが，観測データと極めて精度よく一致しており，数学的モデルとしても，天体運行を見事に説明した体系である。『アルマゲスト』には，アレクサンドリアの幾何学者メネラオス（Menelaos ho Alexandreus, 70頃〜140頃）の定理の証明も

6　水星では約28度，金星では約47度である。

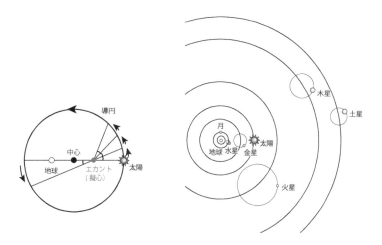

図 3.5　エカントとプトレマイオス体系

　記載するなど，刊行以前の多くの業績を総括し，また，多くの観測家
のデータも使っており，文字通りギリシア数学と自然学の集大成であ
る。

　プトレマイオスとほぼ同時代に活躍したガレノス（Galenus，129
頃〜199頃）がいる。ガレノスは，これまでのギリシア医学の知識と
動物の解剖から得た知識を基にして，人体の構造や機能に関する知識
を体系化して医学を集大成した。プトレマイオスとガレノスがギリシ
アの知を総括したが，発展することなく，学問活動は衰退の一途を辿っ
た。古代自然学の終焉である。これ以後，学問的遺産はイスラム圏に
おいて継承され，アラビア語に翻訳されイスラム科学となった。後に，
アラビア語で書かれた文献がラテン語に訳され，中世ヨーロッパに伝
わることになる。

3.2 自然学の衰退から復活へ

　アレクサンドリアの学問に触れるため，アリストテレスの時代に戻る。

　アレクサンドロス大王（Alexandros Ⅲ，BC356 ～ BC323）と共に，アリストテレスに学んだことのあるプトレマイオス 1 世（Ptolemaios Soter，BC366 頃～ BC283 頃）は，アレクサンドリアに王立研究所ムセイオンの設立を構想し，プトレマイオス 2 世（Ptolemaios Philadel-phos，BC308 ～ BC246）のときに完成した。ムセイオンは，学芸を司るギリシアの女神ムーサからの命名である[7]。アリストテレスの学園であるリュケイオン，プラトンの学園であるアカデメイアの学風を継承したとされ，アテネから学者を招聘した。ストラトンはその一人である。ユークリッド，アルキメデス（Archimedes，BC287 頃～ BC212）[8]，アリスタルコス，エラトステネスはここで学んだ。ムセイオンには 50 万～ 70 万巻もの蔵書を有する附属図書館（ビブリオテケ）

図 3.6　アレクサンドリア図書館の遺跡

7　英語の museum の語源でもある。

があり，アレクサンドリア図書館と呼ばれていた。エラトステネスは
ここの館長を務めた。

　現在，ムセイオンと図書館の建物，蔵書はまったく残っていない。
いつどうして消滅したのかは諸説ある。一説によると，BC145年に，
プトレマイオス8世が学者追放を実施したことが崩壊の始まりであ
り，BC48年，カエサル（Gaius Julius Caesar，BC100頃〜BC44）
がアレクサンドリアを攻撃した際に焼失した（蔵書はこの地のどこか
に残された）とあるが，それを裏付ける資料はない。380年にキリス
ト教が国教となると，この地にも聖書文献学が栄え，それ以外の知識
習得の活動に制限がかかりムセイオンの活動も衰えたが，細々とであ
るが続いていた。12世紀の十字軍遠征と共に，西ヨーロッパに学問
が栄え，アラビア語に翻訳されていた書物のラテン語翻訳が盛んにな
り，アレクサンドリアに残っていた書物のすべてがヨーロッパに持ち
出され，アレクサンドリア図書館にあった蔵書すべてが消失してし
まった。しかし，古代ギリシアおよびヘレニズム時代[9]の数学および
自然学がヨーロッパに伝わったことは確かである。

　自然学を含むギリシアの文献はアラビアに訳されて保存されていた
ため，聖職者が読むには古代ローマの言語であるラテン語に訳さなく
てはならない。それにより，修道士によるアリストテレスの形而上学
の研究が始まり，学問とキリスト教信仰を統一させたスコラ学[10]が
トマス・アクィナス（Thomas Aquinas，1225〜1274）[11]によって大

8　アルキメデスは，ムセイオンで学んだ後，シラクサに戻り，ヒエロン王の保護で，数
学と自然学の研究に従事した。アルキメデスの原理，てこの原理，揚水機の原理など技術
に関わる研究と螺旋，放物線の求積，球と円柱の表面積など幾何学の研究を行い，これら
を結び付けた業績がある。第2次ポエニ戦争によるシラクサ没落の際に，敵兵に殺された。
9　ここでのヘレニズム時代は，アレクサンドロス大王の治世からプトレマイオス朝エジ
プト王国の滅亡までを指している。
10　スコラは，Schoolと同じ語から派生語である。当時の修道院で学ばれていた学問とは
異なっており，問題に対する論理的解，あるいは矛盾を見出すことにある。
11　トマスは，「万物は，自然法則によって生ぜしめられ，動かされる」と述べ，自然法
則という語を最初に用いた人でもある。

成された。このスコラ学の成立とほぼ同時期に，大学が誕生した。

　イタリアのボローニャ大学は，最古の大学とされている。私塾を開いた1088年を創立としているが，ローマ教皇から認められたのは13世紀初頭である[12]。中世の大学は，意思のあるものが共同で運営した団体（ギルドとおよそ同じ）がつくった。このためラテン語で組合を意味するウニベルシタス（universitas）と呼ばれていた[13]。自治都市であるボローニャでは，当時の実用性の高いとされた法学を学ぶ意思をもった者たちの団体が組織運営した。学長は，団体（学生）の中から選び，その学長が教師を管理した。学長は，授業に遅刻・欠席した教師，期待する学問水準に達していない教師などを厳格に罰した。授業はヨーロッパの共通言語であるラテン語で行われた。これは中世の大学の共通のことである。

　パリ大学は1150年に創立され，1211年にストゥディウム・ゲネラーレ[14]となった。パリ大学は，ボローニャ大学と違って，教える者（教師）が主体となって組織した。ただし，この組織に入る（すなわち教壇に立つ）にはパリ大学あるいは他の大学で一定の教育を受け，修了資格を得たものに限られた[15]。教育内容は，自由七科（artes liberales），神学，医学，法学と4つである。教養課程に対応する自由七科は，言語に関する3科（trivium，論理，文法，修辞）と数学・自然学に関する4科（quadrivium，天文，算術，幾何，音楽[16]）からなる基本科目群である。専門学問である学問である神学，医学，法学は，自

12　神聖ローマ帝国で認定された大学をストゥディウム・ゲネラーレ（Studium generale）という。ストゥディウムは学校を意味するので，直訳すると権威ある学校となる。
13　組合を意味するラテン語で大学（university）の語源である。uniは1つに，versusは向きを変えたを意味する。これらを合わせて，1つの目的をもった共同体を意味した。
14　注12を参照。正式機関として認定される約100年前にパリ司教座教会が付属学校を設立し，そこで基礎的教育が始まっていた。
15　最初は，一流の学者，特にスコラ学者が集まって組織した。後に，教皇は認定した大学すべてに共通なライセンス（リケンティアという）を与え得るようになった。
16　ここでいう音楽はピタゴラスの音律など音楽秩序，すなわち数学・自然学の一部を指す。

由七科を終了してから学ぶ。3科は聖書を読み解き，理解し，また他の人にそれを伝えるための基礎的な技芸とされ，身に付けておくべき重要な技である。4科は，神は数学の言葉で自然という本を書いたとされていたため，3科とは異なった意味で重要な技芸であった。このため，自由七科の地位は高い。自由七科を教授するものから学長が選出されたことからもわかる。

　パリ大学で学ぶことをイングランド国王ヘンリー2世（Henry Ⅱ，1133～1189）が禁じたため，1167年，パリ大学から帰国した学生がオックスフォード[17]に，パリ大学に似た教師が主体となって組織をつくった。特徴は，教育と生活が一体となったカレッジ（学寮）制度である。そこで学生は個人的な教育を受ける。このため，教師はほんの数人を対象として，学生各々の進度に合わせて教育することが基本である。多数の学生を対象に講義をすることはあるが，稀である。1209年に，市民との争いが原因で，一部の人間がオックスフォードを出て，ケンブリッジ大学[18]を創立した。

　ヨーロッパ各地に大学が根を下ろした頃，ルネサンス[19]がイタリアから台頭した。論理的で合理的なスコラ学の反動であったのか，神秘主義や魔術など，ヨーロッパにさまざまな思想が流れ込んできた時期でもあった。

17　ロンドンから100 kmほど西に位置し，雄牛（オックス）がわたる浅瀬（フォード）の名の通りの小さな田舎町であった。この地を選んだのは，王のいるロンドン，教会の中核であるカンタベリーから離れており，干渉されなかったこともあると考えられている。
18　ケンブリッジはロンドンから100 kmほど北に位置し，ケン川にかかる橋が名の由来となった地方都市である。
19　Renaissanceは，再び（re）と誕生（naissance）からの再生，古代ギリシア，ローマ時代の古典の回復あるいは学芸の復興であり，自由な人間観の復活，それに精神的世界の拡大を意味した。

コペルニクス的転回

文芸復興および視野拡大には，技術が関わった。活版印刷術と航海術である。

ヨハネス・グーテンベルク（Johannes Gensfleisch Gutenberg, 1400頃～1468）が，1450年頃，鋳造活字を使った印刷機を考案し，ヨーロッパ各地に印刷所が開業され，活版印刷術が普及した。これにより，ギリシア自然学の著書の原本あるいは翻訳本がヨーロッパ全体に広まった。重要なことは，一部の聖職者だけしか読むことのできなかった書物が，部数が多いだけでなく活字や版画により読みやすくなり，一般に普及したことである。さらに，学者は自らの研究成果の普及のためこの技術を活用し，ヨーロッパに広く知らせ，討論の種を植えて，学問の発展を促すことになった。

コロンブス（Christopher Columbus, 1451～1506）が，スペイン女王イザベルの援助を得て，大西洋を横断し，1492年10月12日にフロリダ半島南東にあるバハマ諸島に上陸した。これが新大陸発見[20]となった。ヴァスコ・ダ・ガマ（Vasco da Gama, 1469頃～1524）は，1497年11月22日，南アフリカの喜望峰を通過し，翌年5月17日にインド西海岸カリカットに到着し，インド航路を開拓した。これには羅針盤[21]（コンパス）と緯度航法[22]が必要であった。これにより，ヨーロッパ人の世界は大きく広がった。

1543年[23]5月，ニコラウス・コペルニクスによる『天球の回転につ

20　ヨーロッパ人から見た発見である。そこに住民（先住民）がいたのだから「発見」と表現することは奇妙である。
21　羅針儀ともいう。羅針儀は，製紙術，火薬とともに，中国の3大発明とされている。
22　この緯度航法はプトレマイオスの『アルマゲスト』に書かれており，出版により関心も高まった。

地球は宇宙の
中心ではない
…

幾何学を知らない
方はお断りです。

コペルニクス

図 3.7 コペルニクスと『天球の回転について』
本の扉には小さな文字で「幾何学を知らざる者この門を入るべからず」とプラトンの学校
アカデメイアに掲げていた言葉がギリシア語で書かれている

いて』が出版された。全6巻からなる大著である。この書は、天動説
（地球中心説）ではなく、地動説（太陽中心説）で天体の運行を論じ、
科学革命を起こした書である。しかしながら、この本の刊行で、直ち
にヨーロッパ思想が革命的に変わったということではない。この書を
基に、科学の発展を可能とする枠組みが設けられるようになるには年
月を必要とした。

　ニコラウス・コペルニクスの祖父は、プロイセンからポーランドの
首都クラクフに移り、父はクラクフから 350 km ほど北にあるトル
ニ[24]に移り、その地で大商人の娘と家族をもった。ニコラウスには
兄と2人の姉がおり、彼は末っ子である。10歳のときに父が亡くなり、
母も後を追うように亡くなった。両親亡き後、ニコラウスと兄姉を育

23　1543 年には、パドヴァの解剖学者アンドレアス・ヴェサリウス『人体の構造について』
も刊行された。また、この年8月25日にポルトガル人が種子島に漂流して日本に鉄砲が
伝えられた。
24　当時、トルニはポーランド領であった。トルンと呼ばれることもある。1466 年まで
プロイセン（ドイツ）の町であったこともあり、コペルニクスは日常ではドイツ語を話し、
学校ではラテン語を使っていた。

てたのは，母方の伯父ルーカス・ヴァッツェンローデである。伯父は，当時，トルニの僧正であった。ニコラウスは，18歳のときにクラクフ大学に入学した。そこで，数学および天文学教授の影響を受けている。司教となっていた伯父は，ニコラウスを参事会員に指名した後，イタリアに遊学させた。

　コペルニクスは，伯父の母校ボローニャ大学でローマ法と教会法を学んだ。また下宿の大家である天文学教授の影響も受けた。パドヴァ大学で医学を学び，フェラーラ大学において教会法で博士の学位を取得した。のべ10年近くのイタリア遊学を終え，司教である伯父の住むリズバルク城に伯父が亡くなる1512年まで同居した。コペルニクスは，フラウエンブルク[25]にある大聖堂で司教座聖堂参事として従事した。草稿である「コメンタリオス」（1514年あたりに友人に配布）と『天球の回転について』は，ここで執筆されている。

　コペルニクスは，『アルマゲスト』[26]を熟読し，観測結果と一致しているものの，エカントという理論として不十分な概念を導入したこと，一様な（等角速度）運動ではなくなっていることに疑問をもった。そこで，次のような仮定を立てて理論を構築した。

①地球の中心は宇宙の中心ではない（月の天球の中心に過ぎない）。

②すべての天球の中心は，太陽の近くにある（すなわち，宇宙の中心は太陽の近くにある）。

③太陽の見かけ上の運動は，地球の運動による。

　コペルニクスは，エカントを削除した理論を構築した。小周転円を各々の惑星に取り入れることで，惑星の天球運動が一様な円運動であること示した。一様な円運動ということでは，アリストテレス理論の

25　ポーランド語では，フロムボルクである。

26　古代天文学の到達点である『アルマゲスト』は1400年以上権威をもち続けた。12世紀にアラビア語に訳され，15世紀にギリシア語訳されたが，いずれも正確な訳ではなかった（古代エジプト王と同一視されたこともあった）。1496年にヴェネツィアで印刷された。コペルニクスはこの印刷版を読んだと思われる。

美しさを蘇らせる体系である。

　太陽を中心として地球を惑星の1つとすると，地球の外側に天球をもつ惑星（外惑星）の順行–留–逆行の運動は，軌道運動している地球からの視運動（見かけの運動）として説明できる。『アルマゲスト』にあるデータを計算しなおして，惑星は，中心にある太陽から水星，金星，地球，火星，木星，土星の天球が順にあると結論した。公転する速さは，この順で遅くなっている。例えば，外惑星である火星の天球は地球の天球よりもゆっくりとした速さで運行している。地球はあるときに火星に近づき（ここまでは順行），並走し（留），追い抜く（逆行）ことになるとして火星の運行も説明できる。逆行の前に最も明るく見えることは，火星と地球が最も近づいている時期となることから説明できる。また内惑星に見られる最大離角も，太陽–地球–内惑星の位置関係から説明できる。天動説（地球中心説）において問題となった現象が，地動説（太陽中心説）なら地球の運動あるいは位置を考慮すれば一挙に理解できる。問題となるのは，地球の自転と公転が起きていることの説明である。

　ヴィッテンベルク大学数学教授のゲオルク・レティクス（George Joachim Rheticus, 1514 〜 1567）が，1539 年 5 月，コペルニクスを訪ねてきた。「コメンタリオルス」の写しを読み，太陽中心説について，より深く知りたくなったための訪問であったが，滞在は 2 年になった。コペルニクスは，彼を歓迎した。イタリア遊学後，学問の世界とのつながりがなくなっていたこともあって，レティクスとの議論に知的な喜びを感じたのだろう。それに，話もたまっていた。「コメンタリオルス」執筆後も，原稿を書き続けており，原稿の束はそうとうな厚さになっていた。2 人の議論が長く続いた。レティクスは，コペルニクスの考えを知れば知るほど，この学説を世に問うべきであるとの思いを強くして，コペルニクスに出版を願った。コペルニクスは一旦は断ったが，レティクスの情熱に負けた。2 人でこれまでの原稿を精査し，時間をかけて編集した。1543 年春，ニュルンベルクの印刷者ヨハン・

ペトレイウス（Johann Petreius, 1497 ～ 1550）が請け，多くの関係者の協力によって刷り上がった。レティクスが訪問し，長く滞在していなかったら，この書は世に出ることはなかっただろう。コペルニクスは，臨終の床で見本刷を受け取った。70 歳であった。

　最終的な校正を行ったのはレティクスではなかった。レティクスは，1542 年 11 月，ライプチヒ大学教授として赴任するため，ニュルンベルクにいることができなくなり，校正者である友人アンドレアス・オジアンダー（Andreas Osiander, 1498 ～ 1552）に委託した。ルーテル派の神学者であるオジアンダーは，地球が中心にないばかりか動いているとした記述が聖書の教えに反すると解釈されることを恐れた。コペルニクスにも，レティクスにも断ることなく，「読者へ」の欄を設け，この理論は仮説に過ぎないという内容を記載し，匿名で本文前に載せた。完成した本を見て驚いたレティクスは，真実を矮小化したことを嫌い・怒り，その部分に赤いクレヨンで大きなバツを書き，消した。

　コペルニクス体系は，プトレマイオス体系に比べ，天体現象の説明はすっきりしている。ただ，導円・周転円など 80 の円で表現したプトレマイオス体系に対して，コペルニクス体系は円の数は 34 であり，大幅に少なくなったとはいい難い。またよく誤解されていることだが，コペルニクスが新しい観測あるいは精密な測定を行ったことにより，この新体系ができたわけではない [27]。惑星の観測データは，プトレマイオスが使ったデータとほとんど同じである。プトレマイオスの視点とはまったく違った視点で天球の動きを考察したことによる。コペルニクスによる意識の変化が成した業である。ここが，この書の魅力である。

27　コペルニクスの著述から数えてみると，観測回数は 60 回に満たない。コペルニクスは，観測家というより理論家である。

第 **4** 章

観測と法則

コペルニクスの地動説
は正しい。
しかし、その奥に隠され
た法則を見つけるため
には、ティコ・ブラーエの
測定データが必要だ…

ケプラー

ティコ・ブラーエによる測定方法の確立

　コペルニクスの住んだポーランド・フラウエンブルクから北西に180 km ほどのところにヴェーン島[1]がある。デンマークとスウェーデンの間のエーレスンド海峡に浮かぶ面積7.5 km² ほどの小さな島である。この島に，デンマークの貴族ティコ・ブラーエ（Tycho Brahe, 1546 〜 1601）が天体観測所を建て，大規模な観測を行った。当時，直轄王領地のヴェーン島では50家族ほどが農業を営んでいた。ブラーエは，ヴェーン島領主となった。天体観測のためウラニボルク（ウラニア城）の定礎式を 1576 年 8 月 8 日に行い，1581 年に完成させた。またその年に，地下観測所ステルネボルク（星の城）を完成させた。これらは，望遠鏡発明前の最大の観測所である。観測所では，常に100 人ほどの学生と職人が観測に従事していた。これだけ多くの人を組織して観測したブラーエの研究方法は現在のビッグサイエンスの先駆けであり，高精度測定に工夫をした研究者としてもブラーエが最初

我がいとしの
ウラニボルク
よ…

ティコ・ブラーエ

図4.1　ティコ・ブラーエと天体観測所ウラニボルク

1　神奈川県藤沢市にある江の島（0.41 km²）の約 18 倍の面積である。ヴェン島とも呼ばれている。

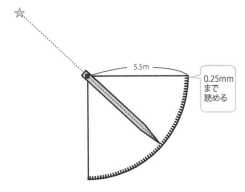

図 4.2 ブラーエの壁面四分儀と四分儀の模式図

の人である。

　ウラニボルクには観測精度を高めるために精巧な装置を可能な限り揃えた。数人の職人が数年かけて製作した装置もある。それらの設置も，修正と改良を繰り返し，高精度で測定するための努力が続けられた。天体観測のための大四分儀（**図 4.2**）は，原理的には 10 秒角[2]という高い精度をもっていた（1 秒角は 1/3600 度である）。

　このような高精度を達成するために，どのような工夫をしたのであろうか。測定可能な長さを最小目盛りの 1/4，具体的には 0.25 mm まで読めるとする。0.25 mm で 10 秒角が測定できるなら，1.5 mm で 1 分角，9 cm で 1 度，32.4 m で 360 度（円周）となる。このことから，四分儀の半径を 5.2 m とすれば 10 秒角を測定できる装置となる。ブラーエは，大四分儀の半径を 5.5 m とした。ブラーエは，その上，最小目盛りの 1/4 を読み取る際の不確かさ（読み取り誤差）を最小にするため，現在のノギスの副尺目盛り（バーニア）のようなトランバーサル目盛り（ダイヤゴナル目盛り）を使用している。また装置が巨大化すると，風で装置が揺れてしまい高精度の測定ができなくなる。こ

───────────

2　実際は，他の機器，大気屈折の影響，人の目の解像度等で 25 秒角程度であった。

れに対しては，大四分儀をしっかりと固定させるために地面を円形状に掘り，装置を地下において，装置の上段で観測するようにした（地下観測所ステルネボルク）。

　図 **4.2** の左は，ブラーエが測定しているようすである。右側に，2 人の助手，左側に記録担当者がいる。このような装置が複数台あって，1 つの現象を複数の装置で測定し，測定値の不確かさを小さくするための工夫をしている。また記録担当者には，観測条件を含め，詳細に記録させた。これはブラーエが観測機器の検査と調整を怠らないという測定・実験家の基礎を心得ていることを示している。このため，ブラーエの観測データの信頼は高い。

　ブラーエは，アリストテレス体系に疑問をもっていた。それは，1572 年 11 月 11 日に現れたカシオペア座の新しい星（ブラーエは新星と名づけた）を観測してからのことである。アリストテレス体系は，天と地を峻別しており，天の世界は不生不滅であることが基礎にある。しかし，新星の視差[3] が確認できないことより，これが月より遠い世界での現象であると確信した。翌年（1573 年），ブラーエは『新星について』[4] を出版し，この新星の観測結果と，占星術による解釈を記している。アリストテレスの普遍宇宙像は，すでに，ブラーエにとって信頼のできない体系となっていた。また『アルマゲスト』は，刊行から 1400 年も経っていたこともあり，不確かさが集積し，天体現象と暦とのずれが目立つようになっていた。ブラーエが天体運行の精密測定を考えたのもこの頃である。

　ブラーエは，地球が動くことにすると恒星の視差が測定できてないことの説明がつかなくなるため，コペルニクスの太陽中心説は認めな

3　視差は，2 つの観測点から 1 点を見たときの方向の差を 2 つの方向の角度で表した量である。左目を閉じて，右目で，人差し指を数 m 先にある木に重ね合わせる。次に，右目を閉じて，左目で見ると人差し指がさっと右にずれることがわかる。これは，右目，左目と異なった観測点から見たためである。これが視差である。
4　このため，この新星をティコの星という。ティコの星は現在の定義では Ia 型の超新星である。

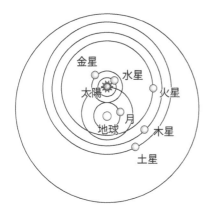

地球の周りを月と太陽が周回し
太陽の周りを惑星が
周回しているのではないか。

図4.3 ブラーエの体系

かったものの，エカントを許容しなかったこと，惑星の逆行を簡潔に
説明したことで，コペルニクスを高く評価した。ブラーエは，論文「最
近のエーテル界の現象」において新たな体系を発表した。それは，宇
宙の中心である地球のまわりに月，太陽，それに恒星が回っており，
太陽のまわりに水星，金星，火星，木星，土星が回っているとした体
系である（**図4.3**）。しかし，これでは火星の天球が太陽の天球と交
差してしまう。ブラーエは，天球は実体ではないと考え，天球という
概念を葬り去った。

　コペルニクスは地球を惑星の1つとし，ブラーエは天球の存在を否
定した。アリストテレス–プトレマイオス体系の崩壊が始まったので
ある。

　ブラーエは，後援者である国王フレデリック2世（Frederick II，1534 ～ 1588）が病に倒れると，1576年12月から1597年4月までの20年以上観測地としたヴェーン島を去ることになった。この1年前（1596年），ヨハネス・ケプラー（Johannes Kepler，1571 ～ 1630）は最初の著『宇宙の神秘』を出版している。

　この本は，よく言えば形而上学的，悪く言えば閃きと拘りから成る。コペルニクス説に従って地球は惑星の1つとし，6つの惑星の天球とプラトン立体を内接・外接させた配置を想定した（**図4.4**右図）。太陽に近い惑星から，水星の天球，正8面体，金星の天球，正20面体，地球の天球，正12面体，火星の天球，正4面体，木星の天球，正6面体，土星の天球の入れ子構造として，天球の構造を幾何学的な調和で考えた。ブラーエは，手紙と共に贈呈されたこの本を読んで，プラトン立体に帰着して天体を論じた思弁的な説と捉えて懐疑的になった。豊かな発想であると誉めたものの，観測データと相違があることを述べ，天体を知るには何より観測することが大切ですよとコメントを加え，楽しく議論をしませんかと丁寧な返事をした[5]。25歳下の気鋭の青年ケプラーが天文学への情熱を失わないよう心を尽くした返事であったが，怒りっぽいケプラーはそれを無礼に感じた。

　ブラーエは上級貴族として生まれて帝王学を生活の中で身に付けていた。それに対し，ケプラーはルター派とカルヴァン派の争いに巻き込まれ翻弄された青年期を過ごした。2人は境遇も性格もまったく違っていた。ただし，現実的な体系を構築したいと強く願っていたケプラーは，ブラーエの長期にわたる精密な観測データの必要性を十分

5　ケプラー宛書簡（1589年4月1日）

正四面体、正八面体、
正12面体が織りなす
幾何学的な宇宙。
なんたる美しさよ…

ケプラー

図4.4 ケプラーの惑星像

に理解していた。

　ブラーエは，神聖ローマ帝国皇帝ルドルフ２世（Rudolf II，1552〜1612）を後援者として，1599年末，プラハ郊外にあるベナテク城で新たなウラニボルクを建設して観測の準備を始めた。ケプラーは，同年12月，新教徒迫害政策によりグラーツを追放されプラハに着いた。1600年２月，ケプラーはブラーエの研究助手となった。ケプラーには，幼児期に天然痘に罹った影響で両眼とも視力が弱くなり，片眼では物が２重に見えてしまう障害があった。このため観測に携わることはなく，無数とも言える観測データの処理を担当した。観測データを一つひとつ，導円や周転円に照らし合わせて惑星の運行を算出して，それらをブラーエの体系に合わせて運行を予測できるようにするため，試行錯誤を何度も繰り返す仕事である。ケプラーは，この骨の折れる仕事が数日で嫌になり，心のバランスを失っていた。疑心暗鬼に陥り，成長を促すよう指導しているブラーエに対し，また穏やかに接しているブラーエの家族に対しても怒りと苛立ちの言葉を浴びせた。希望した火星のデータ解析を任され，１週間ほどで終えると豪語したが，数年かかる大仕事であることも認識した。しかしながら，この時

期の苦労がケプラーを大天文学者へと成長させたことは間違いない。

　ブラーエは晩餐会出席中に突然の病に襲われ，その 11 日後の 1601
年 10 月 24 日午前，54 歳 10 か月の生涯を閉じた[6]。史上初の偉大な
観測家の死であった。相続人に観測記録および観測装置を譲り，家族
に「困っているすべての人に平等に手を差しのべてやりなさい」と言
葉を残した。ブラーエの碑には，ギリシア語で「推測でなく事実を」
と刻まれている。

　ケプラーは，相続人であるブラーエの家族との争いの末，1604 年，
ブラーエの観測記録 34 巻を手にすることになった。

4.3	ケプラーによる 物理法則の発見

　ケプラーが考えていた以上に，不確かさを最小にする努力に基づい
たブラーエの観測データには高い価値があった。ブラーエの観測記録
を基礎・基準として天体の運動を記述する理論を構築することが，物
理学としての天文学の始まりとなった。

　ケプラーは，火星の観測記録を基に，導円，周転円，それに離心円
の組み合わせでは火星の運行を無理なく説明することはできないこと
を示すのに 5 年を費やした。非常に多くの計算を試みたが，成果の得
られない月日も多く，この仕事に不快感を強くもった日も多くあった。
完全な幾何図形である円をあきらめるには，多くの時間と決断を必要

6　1993 年発行の論文にブラーエの遺体解剖の結果が報告されている。毛髪から水銀の量
が多く検出されたことより，死亡前 11 ～ 12 日の間に行われた錬金術の実験に起因する可
能性があると結論している。この結果に疑問をもった泌尿器研究者は，2002 年，尿路感染
症であるとした。他にも，2 度毒を盛られたことによるという説もある。1 度目は晩餐会，
2 度目は亡くなる前夜であるとしている。

とした。

　ケプラーは，コペルニクス体系にエカントを導入して計算を行ったが，ブラーエの観測記録と角度にして8分の差があることを知った。ケプラーは，ブラーエの観測記録の不確かさは3分角以下であると捉えていたため，この差を測定の不確かさとはせず，重要視してその原因を探った。多くの計算を試みて，火星の軌道速度は，太陽に近づいたとき（近日点付近）は大きく，太陽から遠退いたとき（遠日点付近）は小さいことを確かめて，「太陽と火星とを結ぶ線分が等しい時間に掃く面積は一定である」という規則を見つけた（**図4.5**）。面積速度一定の法則の発見である。驚くべき幾何学力と推測力ばかりか，強靭な意志がなくてはなせることではない。この法則を用いて，火星の軌道が太陽を焦点の1つとした楕円軌道であることを見出した。ケプラーは，1609年，これら火星の運動論をまとめて『新天文学』を出版した。副題を「天体の自然学」として原因に基づいた天文学を記述した。これまでとは異なり自然学による説明・構造であり，近代科学の骨組みを確立した書である。ここで，天球概念を除去して天体軌道概念を導入したブラーエを継承したこと，一様運動を面積速度としたこと，円を楕円としたこと，それにエカントを楕円の焦点として幾何学で説明できるようにしたことなどを成し遂げた革命の書である。

　ケプラーは，この本の出版から10年後（1619年），『世界の調和』[7]

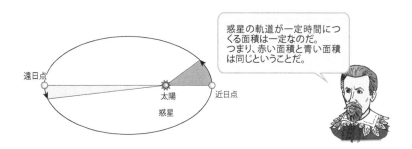

図4.5　ケプラーの第2法則

を出版した。この中に，惑星間の関係を示した第3法則の記述がある。これら法則をまとめると次のようになる。

第1法則：惑星は太陽を1つの焦点とする楕円軌道上を運行する。

第2法則：惑星の面積速度は一定である。

第3法則：各惑星の軌道長半径の3乗と公転周期の2乗の比は一定である。

第1法則と第2法則は発見の順序が逆であるが，体系としてはこの方が論理的であり美しい。第1法則や第2法則は火星の運動を追究することで発見されたが，第3法則はすべての惑星の運動を比較することで得られ，惑星軌道の大きさと周期との定量的関係を示す法則である。もちろん，この発見はブラーエの観測データの正確さのおかげであるが，ケプラーの発想力，しぶとさ，そして数学力なくしては成せない発見であった。

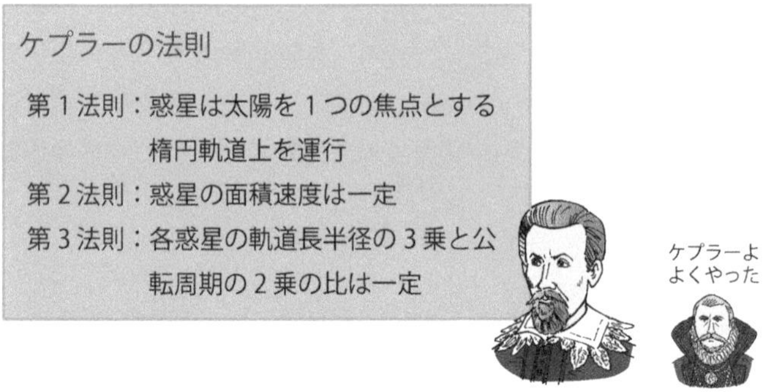

ケプラーの法則

第1法則：惑星は太陽を1つの焦点とする
　　　　　楕円軌道上を運行
第2法則：惑星の面積速度は一定
第3法則：各惑星の軌道長半径の3乗と公
　　　　　転周期の2乗の比は一定

ケプラーよ
よくやった

図 **4.6**　ケプラーの法則

7　『世界の和声学』あるいは『宇宙の調和』とした書名で紹介されていることもある。タイトルからもピタゴラス派の影響を受けていることがわかる。

ケプラーは『宇宙の神秘』で，太陽は惑星を動かすアニマ（霊魂，anima）をもっていると記載しており，神秘愛好の癖があることがわかる。ケプラーは，1572年12月27日生まれである。占星術者でもあるケプラーは，母が懐妊したのは1572年5月16日16時37分であるとし，それから224日10時間0分に未熟児として誕生したと捉えた。その時間の水星の位置から，早すぎた出生とした。彼は，惑星の位置により，誕生，結婚，死期さえも定められると固く信じていた。ブラーエの観測データを基にして第3法則を導出し，物理学として業績を示した『世界の調和』においても，神秘的な議論をしている（というより，大部分がそうである）。ケプラーは，惑星運動に関する3つの法則を導出したが，これら3つの法則を基礎づける法則があると考えていた。「惑星の近日点と遠日点での角速度の比がおよそ整数比となっているなど，音階の1オクターブに関する振動数の比と一致する」と，『宇宙の神秘』におけるプラトン立体と同様のアナロジーで論じている。太陽からのアニマが惑星運動を支配しているとの考えを述べている。ここに，因果的法則性を追求する様子は窺えない。万有引力を発見する一歩手前まできているが，その一歩が進めなかったのは神秘的な力の存在に頼ったことによる。

ケプラーの母カタリーナ（Katharina Kepler，1546～1622）は，1615年に魔女として告発され，6年におよぶ魔女裁判となった[8]。カタリーナを火刑から救ったのは，ケプラーが宮廷数学官の立場にあっ

8　15世紀末，悪魔と盟約を結んだ者を背教者とした新たな魔女概念が生まれ，魔女裁判が興った。手足を縛って水に投げ込み，沈めば無罪，浮けば有罪という水審判もあり，訴えられれば，被疑者はほぼ死かあるいは有罪となった。魔女狩りのピークは16世紀後半から17世紀であり，その犠牲者は数十万人に達した。

たこともあったろう。

　占星術と錬金術は，当時の学問の範疇であった。占星術の歴史はとても深く，天文知識と哲学思考をもつ体系であった。古代オリエント文明時代以前から「天が地を支配する」あるいは「太陽，月，星には神秘的な力があるためそれらを尊びあがめる（星辰崇拝）」考えがあった。言葉ができたのはずっと後であるが，占星術は astrology で，接尾語の "logy" は logos（理性，話す）から来ており，学問を意味する。topology，technology，biology，zoology などすべて学問である。このため近代科学が形成されるまで，占星術は，astronomy である天文学と区別がなかった。恒星天を背景として，身近な天体である太陽，月，惑星の運行を正確に測定して運行表をつくることは，暦の作成・改訂，1年の長さ，時刻を定めるためにも大変重要な意味があった。占星術や天文学という学術用語が日本でできたのは近代科学形成後であるため，「学」と「術」で区別しただけではなく，占星という，学とは無縁で魔術を連想させる訳語をあてた。

　錬金術も同様である。英語の alchemy の語源はアラビア語の al-kimiya で al は定冠詞なので kmy である。これはエジプト語の khem（黒い土）で，現在の化学と語源が同じである[9]。錬金術は，アレクサンドリア時代，自然の背後にある隠された法則を探り，それを知ることにより自然を制御（支配）するという考えから生まれた。物質の成り立ちや変化を，実験を繰り返し，試行錯誤により追究してきたため，その延長上に化学と薬学が生まれた。ブラーエは，ウラニボルクに錬金術の研究室を設けていた。ブラーエは，天には太陽・月と5惑星の7つの天体，地には7種の金属があり，太陽―金―心臓，月―銀―脳，土星―鉛―脾臓，木星―錫（すず）―血液，火星―鉄―胆嚢，金星―銅―腎臓，水星―水銀―肺と捉えて，研究していた。この当時，危険な物質の一部から毒性を消し去る作用をもった薬が開発されていた。

9　錬金術の歴史は占星術より後で，アレクサンドリア時代あたりからである。

ケプラーは，1630年の秋，家族のもとを離れ，旅の途中であるレーゲンスブルクで病に侵されて亡くなった。カトリック諸侯とプロテスタント諸侯による30年戦争中の客死であった。プロテスタント聖職者になるように育てられたこと，長期にわたる母の魔女裁判のことなど，宗教に翻弄された生涯でもあった。

4.5 ベーコンの学問論

　魔術思想とキリスト教思想との対立によって，自然哲学[10]ができたと捉えることもできる。イギリスの政治家・法律家・子爵フランシス・ベーコン（Francis Bacon，1561 ～ 1626）[11]は，自然哲学の研究者でも数学者でもないが，自然哲学と技術の新たな道標を提唱した。国王に献じた『学問の進歩』（1605年）は，これまで支配的であった学問形態を批判し，有用性を基準として新たな学問を唱道した。「スコラ学を学ぶことも，さらに発展させることなど放棄しなさい，そこから期待できるのはほんのわずか，それも貧弱な成果しかない」，「観察と実験から自然哲学を如何に構築するかが重要である」とした。また，彼の未完の書『ノヴム・オルガヌム』（1620年）はアリストテレスの論理学に代わる論理学を意味している[12]。認識を妨げる4つの偏見や錯誤を挙げている。感覚および錯覚など人間の本性に根差す「種族のイドラ」，社会的立場にとらわれてそれ以外の世界を見ようとし

10　ベーコンは，道徳哲学との対比概念として自然哲学と呼び，イギリスでは自然学を自然哲学と呼ぶようになった。
11　ベーコンは，アリストテレスの方法論である演繹法に対し，自然哲学的知識を獲得するための帰納法を提唱したことでも知られている。
12　オルガノンとは，アリストテレスの論理学的著作の総称である。オルガノンは，ギリシア語で道具を意味する。学問を学ぶための道具の1つであると位置付けたことによる。

ないことから生じる「洞窟のイドラ」, 言語の不適切な使用から生じる「市場のイドラ」, 権威や伝統を無批判に受け入れてしまうことから生じる「劇場のイドラ」である（イドラは幻影あるいは偶像を意味する）。またベーコンの言葉に「知は力なり」がある。この知とは, 自然に関する知識である。

　ベーコン[13]は, イギリス唯物論の祖とされ, デカルトとともに近世哲学の開発者とされている。法務次官（1607年）, 法務総裁（1613年）, 大法官（1618年）に就いたが, 贈収賄事件により1621年に失脚した。『科学の新論理』（1620年）[14]において, 自然を探求する組織的な方法（帰納法）を主張した。

図4.7 フランシス・ベーコンと『ノヴム・オルガヌム』の扉
扉の絵は, 船は学問を表し, 知識の限界の象徴であるジブラルタル海峡（ヘラクレスの柱）を超えて, 航海していくことを表している。

13　シェイクスピアは彼のペンネームという説があった。
14　『科学の新論理』には「根拠のうすい一般原理を基にして, それから論理的に結論を引き出すやりかたは無力であり無駄である, 個々の事物の観測から得た知識を適切にまとめあげて法則性を見出す」とある。

実験と数学

デカルトの衝突に関する第3の法則
は間違っています。
物体の大きさと物体の速度の2乗と
の積の和は、衝突前後で変わらな
いのです。

ホイヘンス

5.1　いきおいの理論

　アリストテレスの運動概念から脱し，それを定式化するためには実験と数学が必須であった。これまでの運動概念である「重い物体は，その固有な場所が地球の中心近くにあるため速く落ちる」「静止が自然の状態である」を再考すること，投射体の運動を論じるためにも実験と数学的な推論が不可欠であった。

　アリストテレスの運動論には問題があった。投射体が，それを投げた人の手から離れても運動を続けることができることの説明に無理が生じた。投げた人の直接的な作用がなくても，運動が維持されていることの説明ができていない。アリストテレスは「運動はその原因が直接作用しているときにのみ起こる」としていたため，手から離れた瞬間に物体は鉛直下向きに落下してしまうことになり，説明がつかない。投げた人が，投げた物体に絶えず運動を与え続けなくてはならない。逍遥学派[1]は，空気（媒質）の流れが繰り返し運動を与えることにより，投射物体の運動を継続させると考えた。手から離れた物体が大気中を移動することにより，それまで物体が占めていた空間が真空になることを避けるため後方から空気の奔流が起こり，それにより投射物体は押されて移動する。この過程が繰り返されることにより投射物体が運動を続けることになるという説明である。この場合，空気（媒質）は運動を推進させていることになる。しかし，媒質が物体の運動を促進させるというこの説明は，真空嫌悪説の説明の際，媒質は運動を妨げるとした主張[2]と矛盾してしまう。

1　アリストテレスの学派のことをいう。アリストテレスが創設したリュケイオンの学生たちと散歩（逍遥）しながら議論したことで，そう呼ばれた。アリストテレスの死後も，その学頭たちが引き継いだ。フランスの後期中等教育機関リセ（Lycee）は，リュケイオンに因んで名づけられた。

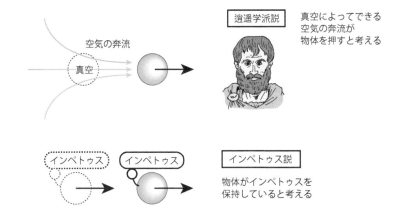

逍遥学派説

真空によってできる
空気の奔流が
物体を押すと考える

空気の奔流

真空

インペトゥス　　インペトゥス

インペトゥス説

物体がインペトゥスを
保持していると考える

図5.1　逍遥学派説とインペトゥス説

　14世紀中葉，オッカム[3]派の唯名論者であるジャン・ビュリダン（Jean Buridan，1295頃〜1358頃）[4]は，投射物体の運動は媒質の奔流によるのではなく，投射物体そのものが投げた人からインペトゥス（Impetus，いきおい）を与えられたとし，逍遥学派の説を否定した。ビュリダンは，インペトゥスはその本性として弱まるものではなく，与えられた量は保存されると考えた。投射体の運動が弱まるのは，媒質から何らかの抵抗を受けたためであるとした[5]。さらにビュリダンは，インペトゥスは「物体の量」と「速度」の2つの量に比例する，と定量的な定義をしている。当時は質量という概念はなかったが「物

2　水中での運動との比較し，物体の速さはその抵抗に反比例しているという説である。またアリストテレスは，このことを外挿して考え，抵抗ゼロでは運動物体は無限大の速さをもつことになるとした。これは，真空嫌悪説の主張の1つとした（第2章参照）。

3　ウィリアム・オッカム（William Occam，1285頃〜1350頃）が唱えた「定立は必要以上に数を増やしてはならない」をオッカムの剃刀（かみそり）という。

4　ビュリダンは当時，パリ大学の元学長であった。彼の名の付いた哲学用語にビュリダンのロバがある。同じ枯れ草を等量に分け，少し離した所に置いて，その真ん中にロバを連れていく。自由意思のないロバは，左右からまったく同じ力で引かれるため餓死してしまうという話である。

5　「何らかの抵抗」は，空気（媒質）であることは明白である。しかしながら，これによって運動量が保存され，慣性の法則が樹立したと捉えることはできない。インペトゥスを物体に内在する駆動力としていたためである。

体の量」を質量と（現在のように）解釈すればインペトゥスは運動量に比例した量となる。ただし，この観点はビュリダンがインペトゥスを物体に内在する駆動力としたと捉えている。これでは進歩史観[6]であろう。しかしながら，インペトゥス説は，不十分な箇所も多くあるが，近代の力学に近い理論であったと言える。

　インペトゥス説は，落下運動にも適用された。アリストテレスの自然的運動は，落下物体が固有の場所に戻る過程の運動であるので，固有の場所に近づくに従って徐々に速くなる（すなわち，加速する）と説明している。これは，地平面からの高さ（h）が同じであれば，地平面に達するまでの時間は同じであることを述べている。しかし，落下の高さを$h+\varepsilon$（$\varepsilon>0$）として，そこから物体を落下させると，その物体がhから地平面までの落下時間は必ずhから落下させたときより短くなる。これは，逍遙学派の説明と矛盾する。インペトゥス説によると，落下運動の途中で重さが物体に新たなインペトゥスを与えていると説明する。

　レオナルド・ダ・ヴィンチ（Leonardo da Vinci，1452～1519）は，「インペトゥスとは原動力から運動物体に付加された運動の印象である」「動かされたすべての物体は，その内部に動かした手の力の印象が残っている限り，いつまでも動く」と手記に書き，インペトゥス説を学んでいたことが窺える。正式な教育を受けていないレオナルドは，当時の学者の共通言語であるラテン語を独学し，落下物体の運動に関してはスコラ学派の著作から学んでいる。自然に関する知識を得ようと努力していた。「自然は原因に始まり結果で終わるが，我々はそれを逆から辿り，結果に見られる現象から原因を探らなくてはならない」と述べている。彼の鋭い観察力は学びからも得たことがわかる[7]。またガリレオ・ガリレイ（Galileo Galilei，1564～1642）の運動に関す

6　科学は進歩しているため，現在から見ると正しいあるいは間違っていると判断してしまうと当時の人々の考えがわからなくなってしまう。ややもすると，勝利者史観（ホイッグ史観）となってしまう。

る考察は，インペトゥス説の影響を大きく受けていることがわかる。

5.2　ガリレオの運動論

　ガリレオは，ベーコン，ケプラーと同世代[8]を生きた（**図 5.2**）。このため，ガリレオ，ベーコン，ケプラーは互いに影響を及ぼし合っている。アルキメデスの著作の翻訳が出版（1543 年）され，この影

Giuseppe Bertini (1825–1898)

落体の法則をちゃんと理解していないと落第してしまうぞ…

図 5.2　ガリレオ（望遠鏡の使い方を説明するガリレオ）

7　ダ・ヴィンチの手記には「自然のあらゆる行動は最短距離を通って行われる」がある。現在の最小作用の原理を想起させる言葉である。

8　ガリレオから見るとベーコンは 3 歳上，ケプラーは 7 歳下である。またガリレオよりベーコンは 16 年前，ケプラーは 12 年前に亡くなっている。いずれもルネサンス後期に生きた。またガリレオの誕生は 2 月 15 日で，ミケランジェロ（Michelangelo Buonarroti, 1475 ～ 1564）が亡くなった 2 月 18 日に近いことで，イタリア・ルネサンスの輪廻が論じられたことがある。またガリレオの 11 歳下の弟はミケランジェロ・ガリレイでという名である。彼は，父の後を継いで音楽家になった。

響もあって，問題（命題）を幾何学または数学で考える傾向が強まっ
てきた時期でもある。ガリレオは，アルキメデスの影響を受け，数学
的自然学の構築を志した。

　ガリレオは，母校ピサ大学数学教授時代に手稿「運動について」(1591
年）を執筆した。そこではインペトゥスを「押し付けられた力」とし，
この力は自己減衰型であるとした。熱せたれた鉄球が冷えるまで熱い
状態，あるいは，鐘の音が鳴り響く状態が続いている間，すなわち，
押し付けられた力が物体の重さに比べ大きいうちは上昇運動を続け，
押し付けられた力が消費されて物体の重さに比べて小さくなると落下
運動に転じるとした。アルキメデスの静力学を動力学に変えて論じて
いるが，この草稿からは逍遥学派の理論の修正版程度であり，科学と
は言い難い。インペトゥスを自己減衰型としたことは，現在から見る
と，運動を弱める原因は空気（媒質）にあるとしたインペトゥス説よ
り劣る考えである。思考の逆行といえる。27歳のガリレオには，イ
ンペトゥスの本質を問うところまで思考が熟していなかったのだろう
（ガリレオの偉大さは，1637年に刊行した『新科学対話』に見られる）。
それほどまでに運動の概念形成は難問であり，人類が克服してきたど
の思考の壁と比べても最も高く，困難であった問題なのである。

　ガリレオは，まず落下運動に着目して考察している。1603年頃[9]，
斜面上に金属球を転がし，その落ちる速度を測定する実験を行った。
落下運動そのものの測定では短い時間間隔を満足できる精度で測定で
きないこと，斜面上の運動とすることで速度を遅くすることができる
ことによる（時間は自作の「水の流出率計」で測った）。斜面の傾き
を変化させて測定することにより，落下運動の問題解決を試みた。

　1604年頃，ガリレオは斜面上の運動実験から，速度の増加のしか
たに規則性を見つけた。単位時間ごと，例えば最初の1秒後に移動し

9　ガリレオの運動についての研究ノート（1602年から1637年，草稿72巻）がある。
1603年としたのは，友人宛の手紙の記載による。

た距離を 1 とすると，次の 1 秒後に移動した距離は 3 に，その次の 1 秒後に移動した距離は 5，次は，7，9，11，…と奇数の数列になっていることがわかった。これは，転がす物体を他の金属あるいは木製にしても変わらず，斜面の傾きを変えても変わることはなかった。この結果を落下地点からの距離で整理すると，1 秒後に落下点から距離 1，2 秒後に落下点から距離 4，3 秒後に落下点から距離 9，4 秒後に落下点から距離 16，5 秒後に落下点から距離 25，…となる。これは，時間を t，距離を s とすれば，s は t^2 に比例していることがわかる（比例係数は物質の量（質量）に関係しない）。

この数学的規則性の発見は，落下運動を統一的観点で捉え，動力学への発展の道を開いた。傾きを大きくすると落下運動に近くなることから，落下運動一般に適用できること，それに運動を，鉛直方向（落下の向き）と水平方向に分けて考えることができることも示している。すると，投射物体の運動は，水平方向の運動と鉛直方向の運動に分けて考え，それらを合成すればわかることを示している。ガリレオの速度の合成の法則である。さらに，運動を論じるに，位置の移動ではなく，時間を独立変数として時間変化で見る視点を見出した。

1632 年に刊行した『天文対話』（**図 5.3**）の中には，運動の相対性の記述がある。当時，コペルニクス説に対する異論は多くあった。例えば，地球が動いているのに実感がないという疑問には，雲や空を飛ぶ鳥を含めた我々が見るすべての物体が地球の回転運動と共有しているためであるとし，運動（速度）は他との関係でのみ測定可能であるため，天動説でも地動説でも同じように感じられると，ガリレオは一つひとつに反論している[10]。

さらに「地球が自転しているなら，物体を高い塔から落とすと真下

---

10 『天文対話』と『新科学対話』は，ガリレオの代弁者であるサルヴィヤチ，アリストテレス主義者であるシンプリチオ，中立的な立場であるサグレドの対話（鼎談）形式で書かれている。サルヴィヤチとサグレドはガリレオの友人の名を，シンプリチオは 6 世紀に活躍したアリストテレス注釈者の名を借りている。

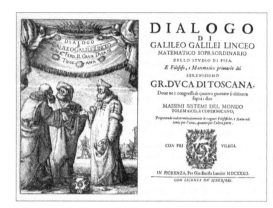

英題訳『Dialogue Concerning the Two Chief World Systems』（二つの主な世界システムについての対話）

図 5.3 『天文対話』

に落ちずに，地球が動いた分だけ西側[11]に落ちるはずであるが，実際はそうなっていない」との疑問に対しては，一定の速さで，一定の向きに航行しているヨットのマスト（帆柱）の頂上から物体を落とす場合を例にして説明している。物体の水平方向の運動はヨットの運動と同じであることに気づけば，マストの真下に落ちることは直ちにわかる（**図 5.4**）。一般的に表現すると「静止している場所であっても，一定の速度で運動している場所であっても，そこで起きる物体の運動には違いはない」となる。これをガリレイの相対性原理という。

　ガリレオは，**図 5.5** のような思考実験をした。小物体が，地平面に置かれた2つの斜面との間で摩擦なしに，曲がり角で衝突せずに滑らかに運動するとする。図の左の斜面上にある小物体を，地平面から高さ h の位置で手を離すと，斜面の下端で最も速くなり，右の斜面上の地平面から同じ高さ h まで上った後，左に戻る，という運動を繰り返す。右の斜面の傾きを小さくしていくと高さ h まで長い距離を滑る。傾きをゼロとすると地平面をいつまでも同じ速さ（高さ h

---

11　地球は西から東に動いていることによる。

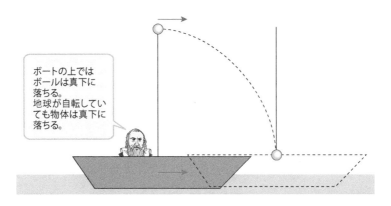

図 5.4 運動の相対性

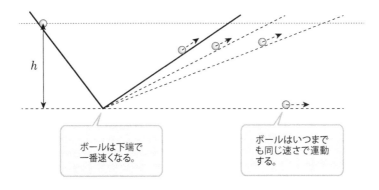

図 5.5 慣性の法則の思考実験

で決まる）で運動することになって,静止状態に達しないことになる。すなわち,外力を受けなければ,物体は等速度で運動を続けようとする。ガリレオは,慣性[12]の法則の発見のあと一歩まで到達していた。

　しかしながら,地平面をさらにグローバルに考えてみると,この地

12　最初の翻訳は,惰性であった。また,アリストテレスは静止状態を自然状態としたが,ガリレオは等速度で運動している状態を自然の状態とした。

平面に高さ h 以上の場所がない場合，地球を一周して戻ってくることになる。このことから，ガリレオは慣性的な運動を円運動と考えていたことになる。当時，重力の発見に至っておらず，重さと質量の違いが認識されていなかったため当然ともいえる。

5.3 ガリレオと地動説

　ガリレオは，トスカナ大公国領（現在のイタリア）ピサで生まれた。父ヴィンチェンツィオは，リュート奏者，音楽理論家であるが一家を養うため呉服商を営んでいた。ヴィンチェンツィオは，トスカナ地方の長男の名は姓を重ねる慣わしに従って，ガリレイの単数形であるガリレオとした。もともとガリレイ家はフィレンツェの旧家の1つで，ガリレオの生家が借家であったこともあって，ガリレオは10歳のときに家族と共にフィレンツェに戻った。その地の文法学校，修道院付属学校を経て，17歳のとき（1581年9月5日）にピサ大学に入学した。医学部進学を目指して学芸学部に登録したが，医学部進学前に退学した。

　個人教授を行いながら，1586年に論文「小天秤」，1588年に冊子「運動について」のフィレンツェ版を編み，1589年にピサ大学数学教授に就任した。退学をした大学の教授職に就くことは，当時はさほど問題ではなかった。学歴より，研究業績と推薦書でほぼ決められていたためである。それに，学芸学部を出て（学位取得はない）から教授職に就いた前例もいくつかあった。ガリレオは，ボローニャ大学，パドヴァ大学，ピサ大学，フィレンツェ大学と，就職活動を行っていた。デル・モンテ枢機卿から推薦書が得られたことによる就任であった。ただし，任期3年，年俸も少なかった。ピサ大学教授の期間，1591年，斜面運動と円運動を加筆した「運動について」を著した。ピサの斜塔

で落下実験を行ったとされているのはこの頃であるが，これは創作であると言われている。

1592 年夏，パドヴァ大学数学教授[13]となり，延長可の任期 4 年，年俸はピサ大学時代の 3 倍となった。1602 年頃に振り子の等時性の発見をした（20 歳頃に発見したとの説もある）。1604 年 9 月末にへびつかい座に新星が現れた（ケプラーの星，超新星 1604）。この星の出現が，ガリレオを天文学に誘った。この頃から関節炎・リウマチに悩まされることになる。1609 年 7 月頃，ヴェネツィア訪問の際に望遠鏡のことを知り[14]，実物を見ることなく完成させた。この望遠鏡の倍率は 3 倍ほどであったが，8 月中旬には 9 倍のもの，20 倍のものと次々と製作した[15]（ガリレオの器用さを窺うことができる）。この倍率 20倍の望遠鏡を用いて，1609 年 11 月末頃，天体の観測を開始した。月の凹凸，木星の 4 つの衛星（ガリレオは惑星と呼んでいた）の発見などを記した小冊子『星界の報告』を 1610 年 3 月に出版した。また，パドヴァ大学数学教授を辞任し，9 月にトスカナ大公付数学者兼哲学者に任命され，12 月にフィレンツェに居を移した。

パドヴァを出発する前に，ガリレオは金星の満ち欠けを観測した。欠けているときは大きく見え，満ちているときは小さく見える（**図5.6**）。この現象は，金星が太陽のまわりを公転していることの明確な証拠であり，プトレマイオス体系では説明不可能であることが明白になった。ガリレオは，コペルニクス体系が正しいことの決定的な証拠と捉えた[16]。

13　推薦は，ここでもデル・モンテ枢機卿とその兄で貴族グィドバルドであった。
14　望遠鏡の発明者はオランダの眼鏡職人ハンス・リペルハイ（Hans Lipperhey, 1570 ～ 1619）で，その時期は 1608 年 9 月とされている。不確かさがあるのは，複数の人が特許申請をしたためである。
15　ガリレオの望遠鏡は，対物レンズが曲率の小さな凸レンズ，接眼レンズを曲率の大きな凹レンズを用いている。この方式では，視野が対物レンズの大きさで決まってしまうためとても狭い。ケプラーは，この欠点をなくすため，接眼レンズに凸レンズを用いることを提案した。このケプラー式望遠鏡はイエズス会の天文家が製作した。

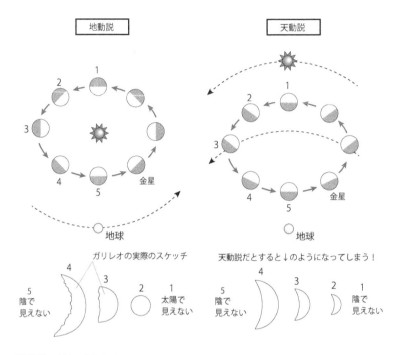

図 5.6 金星の満ち欠け

　さらに太陽の黒点を発見し，その動きを記録して，1613 年 3 月に『太陽黒点に関する論述と手紙』を刊行した。太陽の自転の証拠であるとして，これもコペルニクス体系の論拠とした。

　そして，1632 年に『天文対話』を刊行したが，ローマ教皇庁に販売を差し止められ，1633 年 4 月，ローマの異端審問所の 3 度の審問後，有罪[17] となり，シエナの大司教のもとで 4 か月間拘置され，アルチェ

16　ガリレオは，金星が太陽のまわりを公転するティコの体系のことに触れておらず不自然である。
17　1979 年 11 月 10 日，ローマ教皇ヨハネ・パウロ II 世によるアインシュタイン生誕 100 年祝典講演が転機となり，1992 年 10 月 31 日，「ガリレオに対する有罪判決という過ちを犯した」との結論を調査委員会が発表した。

トリで幽閉の身となった。シエナで『新科学対話』の執筆を開始した。1638 年 3 月に刊行されたが，受け取る前に失明した。1641 年 10 月，エヴァンジェリスタ・トリチェリ（Evangelista Torricelli, 1608 ～ 1647）[18] がアルチェトリに着き，口述筆記によりユークリッドの『原論』を主に討論した。1642 年 1 月 9 日，77 年 1 か月の生涯を閉じた。近代科学の思想史は，ガリレオの考えを知ることから始まった。

5.4 デカルトの方法

ルネ・デカルト（Rene Descartes, 1596 ～ 1650）[19] は，アリストテレスの「すべての運動は，他の何かによる」という考えを排除し，ガリレオの慣性の法則を修正し，運動量概念を導入して運動量保存法則を発見した（**図 5.7**）。

デカルトの思考の基礎には数学がある。デカルトは，イエズス会の学校であるラ・フレーシュ学院において，ラテン語，ギリシア語，文学，史学，スコラ学，ユークリッド幾何などを懸命に学んだ後，ポワチエ大学で法学と医学を学んで法学士を得た。数学を除き，学んだ学問のほとんどを「学浅い者の賞賛を博する術」と否定し，人文学などの書物の学問を捨てるとまで宣言した。数学を好んだのは，確実性と

18　晩年の弟子にヴィヴィアーニ（Vincenzo Viviani, 1622 ～ 1703）がいる。ヴィヴィアーニは，17 歳（1639 年）の時にアルチェトリで軟禁されているガリレオの助手となり，失明したガリレオの口述筆記をするなど晩年のガリレオを支えた。空気の重さ（大気圧）により，井戸の深さが 10 m を越えると機能しない理由などを筆記した。ヴィヴィアーニは，トリチェリの弟子でもあった。有名なトリチェリの実験は，1643 年，ヴィヴィアーニの協力を得て行われた。

19　フランス・トゥーレーヌ州ラ・エ（現在のデカルト市）で生まれた。法服貴族の家で生まれたとした資料はあるが，デカルト家が貴族となったのは，デカルトの死後で 1668 年である。

明証性があるからである。1618 年に軍隊に志願し，オランダ・ブレ
ダに駐屯している 10 月，自然学者・数学者イサーク・ベークマン (Isaac
Beeckman，1588 ~ 1637)[20] と知り合い，大いに刺激を受けた。そこ
での会話と手紙のやり取りで，落体運動，流体の圧力などを学び，数
学的自然学研究の着想を得た。

　デカルトは数学研究から始めた。1628 年に書かれた論文「精神指
導の規則」における数学は，ベークマンとの往復書簡のおかげである。
図形を座標[21] の数や式で表して，幾何の問題を代数によって解くと
した解析幾何学[22] を提唱した。

　デカルトはベークマンを数学で助けたが，数学を自然学に適用する
ことをベークマンから学んでいる。構想から 4 年をかけた 1633 年，

第1 法則：物体は、常に同じ状態を保つ。
第2 法則：すべての運動物体は直線運動を続ける。
第3 法則：ある物体が他の強い物体に衝突するとき
　　　　　は運動を失わないが、弱い物体に衝突す
　　　　　るときはそれに移した分の運動を失う。

図 5.7　デカルトと『方法序説』の表紙

20　ベークマンは，1627 年から 1637 年までドルトレヒト大学長を務めた。
21　直交座標のことをデカルト座標というが，発案者はデカルトではなく，ライプニッツ
（1692 年）である。デカルトは，数の系列を 2 つないし，3 つの直線で位置づけて論じて
はいるが，「座標」という言葉を使っていない。
22　ここでの「解析」は，級数や微分積分を用いて関数の性質を調べる解析学を意味する
わけではなく，方程式を立てて解くという意味である。
23　『世界論』は，デカルトの死後，1664 年に出版された。

37 歳のデカルトは自然学の研究をまとめて『世界論』を書き上げた。しかし，彼はこの本の刊行を断念した[23]。『天文対話』は，発行（1632年）の年のうちに法王が異端審問所に回し，ガリレオはローマ召喚を命じられた。異端審問所に回された言論活動の審議は，最悪の場合，火あぶり[24]という重い刑が科せられることがある。『世界論』は，光とは何か，宇宙とは何か，その宇宙の中の地球に暮らす人間とは何かを問うた本で，無神論と断罪される可能性は大いにあった。

　デカルトは，1637 年，『方法序説』[25]を出版した。副題は「理性を正しく導き，学問において真理を追究するための方法についての序説」である。『方法序説』は，「屈折光学」「気象学」「幾何学」という独立した 3 編の自然学論文の序文として執筆されたものである。第 1 部から第 6 部で構成され，第 2 部に学問研究のための 4 つの規則が述べられている。

明証性の規則：明晰かつ判明に真であると認めたうえでなければ，どんなことも真として受け入れてはならない。注意深く，速断と偏見を避けること。

分析の規則：対象としている問題をできるだけ多くの小部分に分けて単純化して考えること。

総合の規則：自分の考えを順序に従って整理すること。最も単純で最も認識しやすいものから始めて，少しずつ，段階を追って，最も複雑なものの認識にまで到達すること。

枚挙の規則：どんな些細なことでも，見落としがないと確信できるま

24　実際，ドミニコ会の修道士ジョルダーノ・ブルーノ（Giordano Bruno, 1548 ～ 1600）は，コペルニクス説を基にし，すべての恒星には惑星が存在し，地球のような世界が無限にあるとした無限宇宙論を提唱した。ブルーノは，自説の完全な撤回を求められたが断固拒絶したため，1600 年 2 月，火あぶりの刑に処せられた。
25　『方法序説』の冒頭は「良識はこの世で最も公平に分配されているものだ」から始まる。ここでいう良識とは　真と偽を見分ける力，分別，理性を意味している。良識は生まれつき誰にでも平等に備わっているが，理性の使い方，真理を求める方法が賢いかどうかを決定しているとして，方法の重要性を唱えた。

で十分に検討すること。さらに，あらゆる場合において全体にわたる
見直しを行うこと。

　この4つの規則が，最もあてはまるのは『幾何学』である。デカル
トが数学を基礎にして考案したと考えられる[26]。

　デカルトの自然学の基本は『哲学原理』[27]（1644年）に書かれている。
疑いのない原理から，数学的な手法で議論を進めて，自然の本質を示
す法則を導くことを目指した。運動に関しては，運動の第1原因を神
とし，神が与えた運動の量は常に同じ値を保つことを大前提として，
運動の3つの法則を導出した。簡単に表すと次のようである。また，
ここで「運動の量」とは，「物体の大きさ」と「物体の速さ」の積で
表した量である。

　第1法則：物体は，常に同じ状態を保つ。
　第2法則：すべての運動物体は直線運動を続ける。
　第3法則：ある物体が他の強い物体に衝突するときは運動を失わ
　　　　　　　ないが，弱い物体に衝突するときはそれに移した分だ
　　　　　　　けの運動を失う。

　第2法則は，動かされた物体の運動の量はいつまでもその状態で運
動を続けることを意味し，慣性の法則を表していると考えられる。こ
の法則を導出にベークマンが協力している。また，神の一撃はあるも
のの大前提は運動量の保存を基本原理としていることがわかる。

　ベーコンは自然学の方法における数学の役割を知らず，デカルトは

26　デカルト哲学の第1原理である "Cogito, ergo sum" は，第4部にある。すべての知
識を疑った結果，疑っている自分の存在だけが疑えない。「われ思う，ゆえにわれあり」
である。存在は理性とともに始まる。探求して得られた重みのある言葉である。
27　ここにある「哲学」は，現在の哲学とは異なる。「学問原理」として読んだ方が適切
である。
28　帰納は実験や論理的推論から一般的な法則を導き出すこと，演繹は原理あるいは法則
から論理の規則によって結論を出すことである。
29　英語で，演繹のことを deduction，帰納のことを induction という。外— de，内— in
なのである。ducere は導くを意味するので，それぞれ「外に向かって導く」「内に向かっ
て導く」である。

実験の役割を見落としている。ベーコンの帰納法[28]とデカルトの演繹法[29]はよく対比される。

　デカルトは，王座の女性哲学者として知られていたスウェーデン女王クリスティーナ（Kristina，1626 ～ 1689）により招聘され，1649年10月，女王との橋渡しをしてくれたスウェーデン公使シャニュの邸宅に寄寓した。女王への進講は，1650年1月より始まった。進講は週2，3回であるが，元来朝寝坊のデカルトにとって真冬の早朝5時の出仕は苦痛であった。1650年1月末，シャニュが肺炎に罹り，デカルトは彼を見舞った。2月1日，デカルトも同じ肺炎に罹った。シャニュは回復したが，デカルトは2月11日に亡くなった。

5.5　ホイヘンスの懐疑

　クリスチャン・ホイヘンス（Christiaan Huygens，1629 ～ 1695）[30]の父コンスタンティン・ホイヘンス（Constantijn Huygens，1596 ～ 1687）は，デカルトの友人である。コンスタンティンは，オレンジ公[31]秘書，外交官，詩人，作曲家でもあるオランダの有力者である。デカルトが40歳の頃，コンスタンティン邸に訪問したときに二男のクリスチャンに会っている。クリスチャンはまだ5 ～ 6歳であったが，デカルトはクリスチャンの天賦の才能に気づいた。クリスチャンは『哲学原理』を出版当時の15歳の頃から座右の書とし，思考の依拠する

30　オランダ・ハーグで生まれた。ライデン大学とブレタ大学で学び，フランス科学アカデミーの創立委員として，1666年から1681年までパリで研究活動をしていた。またホイヘンスの最初の著作は「数学的曲線の求積法」（1651年）であった。
31　当時のオレンジ（オラニエ）公は，フレデリック・ヘンドリック（Frederik Hendrik van Oranje，1584 ～ 1647）の在位は1625年から1647年である。

ところとした。ライデン大学学生時代，ガリレオの『新科学対話』，特に落下運動の箇所に感銘を受けたが，クリスチャン・ホイヘンスはこれらを鵜呑みにすることはなかった。

　ホイヘンスは，1656 年以前，デカルトの理論は実験的根拠が薄いことに気づき，批判した[32]。『哲学原理』にある（衝突に関する）7つの規則のほとんどが誤りであることを実験により知った[33]。慣性の法則に基づいて，運動の相対性（相対速度）を利用して，デカルトの過ちを正し，弾性衝突の規則を改めた。同一物体どうしの衝突だけではなく，大きさ[34] の異なる 2 つの物体の衝突に対しても，運動の量が変わらないことに気づき，物体の大きさと物体の速度の 2 乗との積の和が，衝突前後で変わらない（後のエネルギー保存の法則）ことを述べている。また 1659 年頃[35] に，おもりを棒の先に付けたものを回転させ，おもりが接線方向に飛び去らないための条件を見出す実験により，遠心力に関する数学的関係式を導出している。

　ガリレオは単振り子の周期が一定であることを見出していたが，その原理を基に時計を製作するまでには至らず，さらに単振り子の等時性が近似的なものであることにも気づいていなかった。ホイヘンスは，円弧に沿って振れる振り子では等時性とはならないことを知り，サイクロイド曲線に沿って振れる振り子を考案した。1657 年，減衰を防ぐ工夫を加えて振り子時計を設計した[36]。ホイヘンスの振り子時計は制作され，不正確な時計の時代を終わらせ，時計の精度に革命をもたらした。それに何より，運動を時間の経過で測定できるようになった。

32　同時に，ベーコンの論には数学的考察が欠落していることも嘆いていた。
33　これを論じた『衝突による物体の運動について』の刊行は，ホイヘンス死後 8 年後の 1703 年である。
34　まだ質量概念はなかった。ホイヘンスは，物体の大きさを慣性の大きさで定めたと考えられているが，明らかではない。
35　ホイヘンスが，この成果を発表したのは 1673 年である。
36　ホイヘンスは，振幅の大きさにかかわらず正確な等時性をもつサイクロイド振り子を考案し，1667 年に特許を取得した。

古典力学の形成

私が遠くを見渡すことができたのは、巨人たちの肩にのっていたからなのです。

ニュートン

巨人の肩にのって

　ガリレオは，実験により物体の運動の法則を見出し，それを数学を用いて表現した。デカルトはガリレオの慣性の法則を修正し，また運動の量の保存を唱えた。そしてホイヘンスは，デカルトの衝突理論を質し，また遠心力の分析を行った。数学的運動論は，実験的検証を得ながら体系化へと近づいていた。また惑星の運動はケプラーの3つの法則としてまとめられていた。アイザック・ニュートン（Isaac Newton，1642 ～ 1727）は，これらの巨人の肩の上にのって，天と地の運動学を俯瞰できる時代を生きた。

　ホイヘンスが活躍した頃，1665年，ニュートンはイギリス・ケンブリッジ大学トリニティ・カレッジを卒業（学士取得）した。ニュートンは，ペスト禍で大学が閉鎖されたため，この年の8月から1667

図6.1　ニュートンとウールスソープの生家
右図の右端に有名なリンゴの木がある。当時の木は1820年に枯れており，写真の木は，その初代の接木である。ニュートンはリンゴが落ちたのを見て万有引力の発想が湧いたとは語っていない。

年4月末まで故郷ウールスソープ[1]で過ごした。このおよそ20か月間のことを驚異の年（anni mirabiles）[2]という。ニュートンがこの短期間において，「流率法とその逆（微分法と積分法）」「色彩論」「万有引力の発見」の着想を得たことによる[3]。これらはいずれも，この期間に刊行物および論文として発表されてはいない。すべてが手稿あるいは草稿である。しかしながらニュートンが最も集中した時期であることは確かである。ニュートンには自らの力で得た結果を公表することを厭う傾向があり，これは終生変わることがなかった。

　ニュートンは，数学研究から学問の世界に入った。これは，ウールスソープ期の手稿からわかる。手稿「1666年10月論文」は，それまで考え続けてきた流率論の研究[4]をまとめたものである。物体の位置，速度，加速度を時間の流れという観点から見て流率として捉えて，曲線がつくる面積と曲線上の点での接線を表現した解析学（現在の微分積分法）である。ニュートンは，新しい概念にあてる用語をつくることがうまかった。流率とその逆は，微分積分という名称になったが，「解析」を現代の意味で使ったのはニュートンであり，スペクトル（spectrum），それに重力（gravity）はニュートンの造語である。"spectrum"は太陽光をプリズムに通すと色がつくられることから，「幽霊」を意味する"specter"からつくられた。また，重力という新しい概念には「厳粛」あるいは「重大」を意味する英語"gravity"をあてている。

　エドモンド・ハリー（Edmond Halley，1656〜1742）[5]が，1684年

1　イングランド東部に位置するリンカンシャーにある農村である。ロンドンから北の方向へ160 kmほどのグランサムから南10 kmほどにある。ニュートンの生家や庭のことをウールスソープマナーという。ニュートンは，この期間の1666年3月末から6月まで大学に戻っている。
2　ペスト禍とロンドン大火があった1666年をイギリスの詩人が驚異の年（annus mirabilis）と表現したことをもとに，ニュートン研究者が言ったことから流布した。
3　1711年のライプニッツとの微積分法の先取権争いのときに，ニュートンが流率法を考え出したのは1665年および1666年であると述べている。また1726年4月，ニュートンが主治医のウィリアム・ステュークリーとリンゴの木の下で会話を楽しんでいたときに，重力の考えが浮かんだときと似ていると話した。
4　この時期に，ニュートンは接線法（微分法）と求積法（積分法）の相互逆関係を発見している。

8 月，ケンブリッジのニュートンを訪ね，ケプラーの第 3 法則から，引力が惑星—太陽間距離の 2 乗に反比例することを討論[6] しているが証明することができないことを話し，距離の 2 乗に反比例すると惑星が描く曲線はどうなるかと質問した。ニュートンは即座に楕円であると答えた。ハリーはその証明を要求したが，ニュートンは大量にある手稿の中からすぐに探し出せず郵送することを約束した。11 月，論考「回転している物体の運動について」[7] を送って，ハリーの要請に応えた。

6.2 力学の理論体系

　ハリーが訪問してきた 1684 年 8 月から，最も時間をかけていた錬金術と神学研究を中断し，「回転している物体の運動について」を骨子として，『自然哲学の数学的諸原理』の執筆（ラテン語）に集中した[8]。『自然哲学の数学的諸原理』は "Philosophiae Naturalis Principia Mathematica" の和訳で『プリンキピア』と略される。『プリンキ

5　ハリーは，ある彗星が 1758 年に回帰することを 1705 年に予言し，それが確認されハレー彗星と命名されたことでも知られている。
6　討論の相手は，ロバート・フック（Robert Hook, 1635 ～ 1703），クリストファー・レン（Christopher Michael Wren, 1632 ～ 1723）の 2 人である。フックは，逆 2 乗法則から天体の運動すべてを説明できたと話していたが，ハリーもレンも懐疑的であった。
7　この論考において，物体を中心に向かって引く（あるいはその逆）力のことを表すために「向心力」という語を定義している。
8　自然哲学の諸原理に基づいて惑星運動を決定する問題に関心を持ち始めたのは，レンと議論した 1677 年頃であると考えられている。
9　ニュートンは，第 2 編の草稿を 1685 年夏，第 3 編の草稿を 1686 年 6 月には書き終えていた。第 1 編を送った時点で，およそ完成していたにもかかわらず，そのことに触れなかったのは彼のもつ公表を好まない傾向のためかもしれない。少なくとも，公表には大変慎重であることが窺える。

ピア』第1編が王立協会に提出されたのが1686年4月である[9]。『プリンキピア』は，1687年8月に初版，1713年6月に第2版，1726年3月に第3版が出版されている。

　『プリンキピア』は，第1編 物体の運動，第2編 抵抗を及ぼす媒質内での物体の運動，第3編 世界体系から3つの編から成る。第1編の前に，定義と公理あるいは運動の法則がある。

　定義は，物質の量，運動の量，物質の固有の力，外力，時間，空間などである。新しい概念には造語が必要であり，体系化するためには言葉をしっかりと定義しておく必要があると考えていたことがわかる。物質の量は「その密度と大きさ（体積）との積によって得られる，物質の測度である」とある。これにより，物質の量＝質量と捉えることができ，ニュートンによって質量概念が確立されたと考えられている[10]。これにより，「運動の量は，速度と物質の量との積で得られる運動の測度である」は，（運動量）＝（速度）×（質量）となって現在の定義と一致する。また，物質の固有の力とは慣性のことである。静止または運動の状態からたやすく脱け出せない，運動と静止は相対的に区別されているなどと慣性を定義している。外力は「静止あるいは等速直線運動の状態を変えるために物体に及ぼされる作用」としている。

　定義の次に，長い注がある。そこで，ニュートンの力学の基礎となる絶対時間と絶対空間の概念が述べられている。運動を議論するには，時間と空間を定めることが前提となるためである。「絶対的な，真の，数学的な時間は，おのずから，またそれ自体の本性から，外界の何ものとも関係なく，一様に流れるもので，別に表すと持続となる。相対的，見かけ上の，日常的な時間は，運動によって測られる持続の，あ

10　エルンスト・マッハ（Ernst Mach, 1838 ～ 1916）は，密度は単位体積あたりの質量を意味するのだから，定義としては不十分であると指摘した。当時は，密度と比重は同義語であり，基本単位は長さ，時間，比重であった。このことに加え，ニュートンは原子論者であったため究極粒子を思い描いていたこともあって，物質の量より比重（密度）を先行する概念とした。それに，振り子の実験（命題24）より，物質の量はその重さに比例することを見出しているため，マッハの指摘は，現実的ではないとされている。

る感知的で外的な測度で，通常，真の時間の代わりに使っている1時間，1日，1か月，1年といったものである」。また「絶対的な空間は，その本性において，いかなる外的事物にも関係なく，常に同じ形を保ち，不動不変のままにある。相対的な空間は，この絶対的な空間のある可変な物差しあるいは測度である。われわれの感覚がそれを定めるが，通常は，それは不動の空間の代わりにと考えられる」。ニュートンは，静止あるいは等速直線運動さらに一般の運動を測定可能な量とするために，これらの基準として絶対時間と絶対空間を定めた。

　本編に入る前に，運動の法則が述べられている。

法則I：すべての物体は，外力によってその状態が変化させらない限り，静止状態あるいは一直線上の等速運動の状態を続ける。

法則II：運動の変化は，加えられた起動力に比例し，かつその力がはたらいた直線の方向に沿って行われる。

法則III：すべての作用に対して，等しく，かつ反対向きの反作用が常に存在する。すなわち，互いにはたらき合う2つの物体の相互作用は，常に等しく，かつ反対方向へと向かう。

　言葉の基礎をかため，時間と空間を規定し，運動の原理を定めてから本論に入る手法をとり，強固で，数学的な体系を造り上げた[11]。

　現在では，これらをニュートンの運動の法則といい，法則Iを第1法則あるいは慣性の法則[12]，法則IIを第2法則あるいは運動方程式[13]，法則IIIを第3法則あるいは作用・反作用の法則[14] という（**図6.2**）。

11　時間の一様性と空間の均一性が示されなければ，運動原理を定めることができなくなる。時間の流れが一様でないなら，また空間の均質でないなら等速運動を保証することができなくなる。

12　現在の表現では「外から力の作用を受けていない質点は，静止しているなら静止を保ち，運動しているなら等速直線運動を続ける」である。

13　現在の表現では「物体に力がはたらくと運動量が変化し，その割合ははたらいた力に等しい」あるいは「質量 m の質点に力 F が作用しているなら，質点は F の方向に加速度 a が生じ，a の大きさは F の大きさに比例し，m に反比例する。式で表現すると $ma = F$ である」である。しかしながら，『プリンキピア』には，このような数式表現はない。

14　現在の表現では「2つの物体間にはたらく力は必ず同一作用線上で大きさが等しく，逆向きの力を及ぼす」である。

> **ニュートンの運動の3法則**
>
> <u>第1法則（慣性の法則）</u>
> 物体は、外力によって状態が変化させられない限り、静止状態あるいは一直線上の等速運動の状態を続ける。
> <u>第2法則（運動方程式）</u>
> 運動の変化は、加えられた起動力に比例し、かつその力がはたらいた直線の方向に沿って行われる。
> <u>第3法則（作用・反作用の法則）</u>
> 作用に対して、等しく、かつ反対向きの反作用が常に存在する。

運動を知るにはこの3つの法則が必要かつ十分なのです。

図6.2 ニュートンの運動の法則

これら3つの運動法則は、現象あるいは実験から導かれた法則ではなく、理論体系の簡潔性から要請される原理である（原理、法則、公理、定理の定義からすると、運動の原理と表現することが適切であろう）。

法則Ⅰは、ガリレオが発見してデカルトによって確立された法則であるが、ニュートンは、これを運動の第1原理としている。固有の力と外力の定義からそう無理なく導入している。

第1編は、これ以後、極限と無限小の幾何学を使って、流率法（微分積分）の説明を行っている。物体の運動から求心力を求める方法、あるいは求心力から物体の運動を導出の方法を説明している。命題1・定理1は、「固定点に引かれて物体が回転するときに、物体と固定点を結ぶ線（動径）が掃く面積はそれに要する時間に比例する」である。これはケプラーの第2法則の証明であるが、同時に角運動量が保存[15]することを示したことになる。50の定理、29の補助定理、48題の問題、98の命題と多数である。

第2編[16]は，現在から見れば流体力学の構築であり，それによりデカルトの渦動説[17]を否定した。

6.3　万有引力の仮説

　第3編[18]の命題7・定理7は「重力は，すべての物体に関係し，その大きさは物体の物質の量（質量）に比例している」[19]である。物体の重さでなく，物質の量（質量）としていることは，第1編で示している。

　命題8・定理8は「互いに重力で引き合う2つの球型物体の物質の量（質量）が，あらゆる方向において各々の中心から等しい距離で等しいとすると，一方の球型物体がもう一方の球型物体の物質の量（質量）比は，2つ中心からの距離の2乗に逆比例する」である。

　命題7・定理7と命題8・定理8から，重力は物質の量（質量）に比例して距離の2乗に逆比例することがわかる。これが，ニュートンの万有引力の表現である。これと法則Ⅲを利用すれば，2つの物体間の重力は互いの距離の2乗に反比例し，それぞれの質量の積に比例すると表現できる。しかし，このような表現をした記載はないばかりか

15　角運動量の保存の法則は，空間の等方性に起因している。運動量の保存の法則は，空間の一様性から導かれる。また，エネルギー保存の法則は時間の一様性から導出される。

16　第2編は，41の定理，7の補助定理，12題の問題，53の命題から成っている。

17　宇宙はエーテルで満たされ，惑星はエーテルの渦巻きにより太陽のまわりを動かされているとした説。

18　第3編は，20の定理，11の補助定理，22題の問題，42の命題から成っている。

19　中野訳は「すべての物体に属し，かつそれらの物体が含むそれぞれの物質量に比例する重力があること」である。河辺編訳も，同様で，何度か読まなくてはわからない。英訳本も同様である。ケンブリッジの学生は「あそこに歩いているのは，他人はおろか本人さえわからない本を書いた教授だ」と語られたことがある。

万有引力の法則

2つの物体間には万有引力が存在し、その強さは距離の2乗に反比例し、物体の質量の積に比例する。

ただ、こういう風な明確な記述はしていなかったのだ。また、万有引力を重力といったりもするが同じものだ。

万有引力　　万有引力

図6.3　物質間には必ず引力がある

数式表示もない（**図6.3**）。

　命題6・定理6「すべての物体は各惑星に重力で引かれる」を示したこと，第1編においてケプラーの法則が成り立つ運動は中心からの距離の2乗に反比例する力がはたらいていることで説明できること，それに第3編において，地球から月にはたらいている重力は距離の2乗に反比例しており，地上にある物体に作用する重力と同じであることを示すなど，重力の万有性を述べている。身近にある物体間にも重力がはたらいてことになるが，それは物体と地球とにはたらく重力に比べて非常に小さいため感じられないと説明している（命題7・定理7系1後半）。これらにおいて，万有引力の仮説と言われるようになった。

　『プリンキピア』は読み手にとって易しい本ではない。これほど著名で称賛されながら読まれない本とされている所以であろう。しかしながら，『プリンキピア』が形而上学から自然学を独立させた革命の書であることは確かである。

　ニュートンは，1642年12月25日[20]早朝，ウールスソープで生まれた。父アイザック・ニュートンは農園主であったが，結婚の半年後（1642年10月初め），ニュートンが生まれる少し前に亡くなった。長子は，父の名アイザックが付けらた。ニュートン家は代々にわたって

経済力を付けてきた家であるが名望あるいは学識には無縁で，父も無学であった。母ハンナは学識を重んじた良家の出身で，弟はケンブリッジ大学で学んで牧師になっていた。ハンナは，アイザックが3歳の頃，30歳以上も年上（63歳）の裕福な司祭バーナバス・スミスと再婚し，アイザックは母方の祖母に育てられた。1655年，12歳でグランサムの学校に入り，ラテン語を学んだ（算数や数学はまったく教えられていない）。1661年6月，ケンブリッジ大学トリニティ・カレッジに準免費生として入学した。

　大学卒業4年後の1669年10月に，幾何学者アイザック・バロー（Isaac Barrow, 1630～1677）の後任として，ルーカス教授[21]に就任した。1671年に反射望遠鏡[22]（第1号の完成は1668年）を王立協会に送り，1672年に王立協会会員となる。1696年12月に造幣局長官に就任，1701年12月に大学選出の国会議員となりルーカス教授辞任，1702年に『光学』を出版，1703年11月に王立協会会長，1705年4月にナイト爵を叙せられる。膀胱結石と診断されたことも，痛風の発作に悩まされこともある。しかしながら全体としては健康を保った。ほとんど秘密としていた膨大な文書[23]を残して，1727年3月20日午前1時頃に84歳3か月[24]の生涯を閉じた。超人的な集中力の持ち主であるばかりか，思考を継続する限りない忍耐力を有し，体調を崩し体が震え

20　ガリレオは1642年1月8日に亡くなっている。大陸の諸国が1582年から採用していたグレゴリオ暦ではニュートンの誕生日は1643年1月4日にあたるので，グレゴリオ暦では同年ではない。イギリスがグレゴリオ暦を採用したのは1752年である。ちなみに日本は1873年からである。明治政府は，明治5（1872）年12月2日の翌日を明治6（1873）年1月1日とした。

21　ケンブリッジ大学史上最初の数学教授職である。バローは，ユークリッド『原論』を講義し，ニュートンは聴講している。『プリンキピア』の記述が『原論』の影響を受けているのは，このためであろう。

22　屈折と異なり反射では色収差が生じない。このため，現在の大型望遠鏡は反射を原理として用いている。

23　ニュートンは，錬金術，神学，それに年代学に関する研究に多くの時間を費やした。

24　住居は，およそウールスソープ19年間，ケンブリッジ35年間，ロンドン29年間，ケンジントン2年間であった。

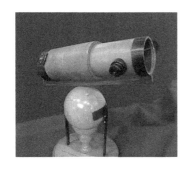

図 6.4 ニュートンの反射望遠鏡とトリニティ・カレッジにあるニュートンの石像

ていたときですら執筆し，それは亡くなる前の晩まで続いた。静かで
はあるが，壮絶な人生であった。

　ニュートンは，論争の人であった。王立協会実験主任のロバート・
フックとの光学論争と逆2乗則の論争，グリニッジ天文台のジョン・
フラムスティード（John Flamsteed, 1646 ～ 1719）との月の観測デー
タの争奪，ドイツのゴットフリート・ライプニッツ（Gottfried Wil-
helm Leibniz, 1646 ～ 1716）[25] と微分積分の先取権争いと，もめごと
が多い。繊細で傷つきやすい性格の持ち主だったことによるのだろう。

　「世間の人の目には私という人間がどのように映っているかわかり
ませんが，私には，浜辺で戯れながら，ときおり周りのものより滑ら
かな小石や美しい貝殻を見つけては喜ぶ子どものようであったと思え
ます。真理の大海が私の前にまったく手付かずのまま広がっていると
いうのに…」，亡くなる 2, 3 週間前に語ったニュートンの言葉である。

25　神童と言われて育ち，外交官，政治家，図書館員，法学者，数学者などと広範な領域
で活躍した。微分積分の先取権争いをしたが，記号を含め，現代ではライプニッツのもの
が使われている。

6.4 キャヴェンディッシュの実験

　18世紀最大の科学者ヘンリー・キャヴェンディッシュ（Henry Cavendish, 1731〜1810）は，1798年，結果的に万有引力定数を測定した。「結果的に」とは，目的である地球の密度測定実験を行って，後の人が，その結果を解釈すると万有引力定数（重力定数）を測定したことになったことによる。

　18世紀末頃，地球の平均密度（あるいは地球の質量）を知ることは，地質学，自然哲学，天文学の研究者にとって興味深いテーマであった。この測定が難しいことは誰もがわかっていた。精密測定に興味をもっていたキャヴェンディッシュは，この難問に挑戦した。2つの物体間にはたらく重力は，物体と地球との重力に比べて，あまりに小さいため測定が困難であることは心得ていた。ニュートンは地球の平均密度を水密度の5〜6倍と推定していた。

　キャヴェンディッシュは，1760年一緒に王立協会会員となったジョン・ミッチェル（John Michell, 1724〜1793）[26] が地球の内部構造を研究していることを知り，地球の重さ（質量）を測ってみたらどうかと提案した。ミッチェルは，物体の間にはたらく引力を測定することで地球の密度を測る装置を完成させたが，測定の前に亡くなってしまった。ミッチェルの装置では物体間の引力が小さすぎて測定できず，さらに地磁気や空気の流れの影響，それと測定者が近づくことで測定を攪乱してしまう。キャヴェンディッシュは，これを改良して装置を完成させた。観測・測定は望遠鏡を用いて行う。

26　リスボン地震（1755年11月1日）を調査して，地震波の存在を示すなど地震学に貢献した。巨大な重力をもった天体から光は放射されないとブラックホールを想像させる天体を予言したことでも知られている。1762年にケンブリッジ大学地質学教授，1767年にヨークシャー司祭となった。

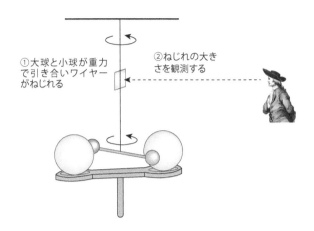

①大球と小球が重力
で引き合いワイヤー
がねじれる

②ねじれの大き
さを観測する

図 6.5　地球の平均密度測定実験の装置のねじり振り子の部分

　図 6.5 は，キャヴェンディッシュの実験装置の根幹であるねじり
秤である。弾性体のワイヤー（ねじれ糸）に吊り下げられた棒の両端
に付けた小球が，大球との重力の相互作用により動く。このときのワ
イヤーのねじれ角度を測定することで重力の大きさを求めたのであ
る。重力から万有引力定数が求められ，地球の密度も計算できる。

　こうして，キャヴェンディッシュは地球の平均密度を水の密度の
5.48 倍と結論した。この値はニュートンの推定範囲にあるばかりか，
現在の値 5.51 g/cm^3 にほぼ等しい。また，キャヴェンディッシュは
万有引力定数を求めることはしなかったが，彼の実験データから計算
すると $G = 6.75 \times 10^{-11}$ N・m^2/kg^2 となり，これも現在の値 6.6740×
10^{-11} N・m^2/kg^2 と比べて不確かさは 1.3 ％しかない。室内に対流が
起こらないように温度差に気を配り，金属が磁化している可能性もあ
るとして工夫し，わずかな振動を計測するため長時間かけて行った。

　キャヴェンディッシュは，他の実験においても同様に極めて高い精
度で実験を行い，水素[27] の発見，水素と酸素の化合による水の合成，
電気の発生・伝導のメカニズムなど，18 編の論文を提出している。

H. Cavendish

図 6.6 キャヴェンディッシュ
珍しい肖像画である。改めて肖像画を描かせるような人物ではないので，気づかれないようにしてのスケッチであろう。それにしても地味で皺だらけの服である。大富豪ではあるが，服装にも無頓着なことが窺える。

　彼は，発表することよりも実験を行うことを大切にした。亡くなってから莫大な量の未発表草稿・手稿があることがわかった。また，先取権を得ることには，まったくといっていいほど関心はなかった。電磁気学の創始者マクスウェルが 1874 年から亡くなるまでの 5 年間，キャヴェンディッシュの業績発掘を行って『ヘンリー・キャヴェンディッシュ電気学』を編集・刊行した。

　キャヴェンディッシュの父はデヴォンシャー公爵家の出，母は王族公爵ケント家の出であり，ヘンリーはこれら名門貴族家の第 1 子である。2 歳下の弟フレデリックが生まれた後，母は亡くなった。ケンブリッジ大学ピーターハウス・カレッジ[28] で学んでいたが学位取得前に大学を去った。彼は学ぶことを大切にしていたが，それによって得られる形式は興味関心の外にあった。寡黙で，内気で，人前に出ることを異常なまでに嫌った。キャヴェンディッシュの伝記を書いた化学者の

27　キャヴェンディッシュは人工空気，あるいは燃える空気と呼んでいた。
28　ピーターハウスは，1284 年設立され，ケンブリッジ大学で最も古いカレッジである。ニュートンの出身であるトリニティは 1546 年に設立された。

ジョージ・ウィルソンは，彼を「人を愛さなかった。人を嫌わなかった。希望をもたなかった。恐れなかった。何かを崇拝することもなかった」と否定形で紹介した。彼は，父チャールズを亡くして莫大な遺産を相続したが，深く思考し，辛抱強く実験を続ける生活は変わらなかった。ニュートンは膨大な文書を隠し続けたが，キャヴェンディッシュは隠すという意思すらなかった。

6.5 ニュートン力学とオイラー

　ガリレオ，ニュートンは幾何学を使って証明したが，現在では，解析学を用いている。その基礎を築いたのがドイツのレオンハルト・オイラー（Leonhard Euler，1707 ~ 1783）であり，オイラーの1736年の『力学，解析学により示された運動の学』[29]は現代的な意味での力学の始まりの書である[30]。この書においてオイラーは，動き（運動）を表現できる微積分を駆使して力学を論じている。そこでオイラーは，「『プリンキピア』では読者はそこで示されていることの正しさを確信しても明晰な知識とはならず，解析学で学べば，自らの力で解くことができ，発展させることができる」と述べている。オイラーの書は，力と慣性を明確に定義し，質点の概念の導入などを学べる書となっている。
　またオイラーは，1750年[31]に論文「力学の新原理の発見」において，

29　L. Euler: "Mechanica, sive motus scientia analytice exposita"，1736，全2巻（第1巻727頁，第2巻777頁）の大著である。
30　ガリレオ時代のMechanicsは機械学を意味していた。ニュートンは運動と力を意味することを述べてはいるが，正式の場では自然哲学を用いていた。
31　ベルリン・アカデミーに提出したのは1750年9月であるが，発行されたのは1752年である。

運動方程式を力学の基本原理であると述べている。ニュートンは微小だが有限時間の変化で運動方程式を立てたが，オイラーは瞬間的な速度変化に対する関係として運動方程式を立てた。

オイラーは，バーゼル大学で数学者ヨハン・ベルヌーイ（Johann Bernoulli, 1667 〜 1748）に師事し，ヨハンの息子ダニエル・ベルヌーイ（Daniel Bernoulli, 1700 〜 1782）[32] と共にサンクトペテルブルク[33]・アカデミーの常勤スタッフとして赴任した。ダニエルがバーゼルに戻った後，第1数学者の後を継いだ。経済的に安定し，快適に暮らしていたが，1735年，肉眼での太陽観測，3日間で天文表の作成という目の極度の疲労により右目の視力を失った。『力学，解析学により示された運動の学』の執筆は左目だけで行った。この時期に，90冊ほどの本を出版し，パリ・アカデミーの懸賞に応募して12回以上受賞した。サンクトペテルブルクに15年滞在した後，プロイセン国王フリードリッヒII世の依頼でベルリン・アカデミーに赴任し，16年滞在した。1766年，王の不興をこうむり，再度サンクトペテルブルクに戻った。1771年頃，よい方の目の白内障の手術が失敗して全盲に近い状態となった。しかし，口述筆記に頼りながら情熱をもって研究を継続した。

オイラーは，ニュートンやキャヴェンディッシュと異なり，論文886編（約5万頁）の他，大変多くの書籍などを執筆・出版した。オイラーのこの業績を越えた学者は未だにいない。

32　ダニエルの伯父は，ベルヌーイ数で知られたヤコブ・ベルヌーイ（Jacob Bernoulli, 1654 〜 1705）である。著名な数学者の家系で生まれ育ったが，父とは折り合いが悪かった。物理学ではダニエルが著名で，ベルヌーイの定理の提唱者である。オイラーとは親交が深く，機械学にベルヌーイ－オイラー梁がある。
33　バルト海東端にあるロシアの都市である。1914年から1924年はペトログラード，1924年から1991年はレニングラードと呼ばれた。

第 **7** 章

電流の発見

私の業績はニュートンよりも本章で活躍するマクスウェルに支えられたところが大きいのだ。

アインシュタイン

エッフェル塔と 電気の法則

18世紀後半から19世紀初め，イギリス中部の都市バーミンガムにルナ協会[1]という知的な集団があった。進化論のチャールズ・ダーウィン（Charles Darwin，1809 ～ 1882）の祖父である医師のエラスムス・ダーウィン[2]（Erasmus Darwin，1731 ～ 1802）の自宅を集会所として活動していた。その仲間に，空気中の酸素の単離に成功したことでも知られている聖職者であるジョセフ・プリーストリー（Joseph Priestley，1733 ～ 1804）がいた。プリーストリーは，電気現象に関する実験を行い，電気力が距離（r）の2乗の逆数（$1/r^2$）に比例することを主張していた（1767年）。プリーストリーが電気現象に興味をもったのは，ルナ協会と手紙での交流があったベンジャミン・フランクリン（Benjamin Franklin，1706 ～ 1790）の影響による。フランクリンは，静電気を蓄えるライデン瓶（ライデン大学が開発したガラス瓶のコンデンサー）を使った放電実験を行っている。凧を使って雷雲からの電気をライデン瓶に貯め，その電気がこれまでライデン瓶で実験した電気と同じであることを実験的に示した（1752年）。これが避雷針の発明につながった（社会貢献のためとして，特許は取得しなかった）。

　静電気力が，距離の2乗に反比例することを実験的に証明したのは，フランスの技術者シャルル・オーギュスタン・ド・クーロン（Charles

---

1　The Lunar Society of Birmingham。"Lunar"は満月直前の月曜日を集会日としたことによるが，「変人」を意味する "lunatics" を掛けている。
2　チャールズ・ダーウィンの二男ジョージ・ダーウィン（George Howard Darwin，1845 ～ 1912）は，ケンブリッジ大学天文学教授となり，潮汐の摩擦作用の影響を調べ，地球の1日が長くなること，月が遠ざかっていくことを説明した。また孫であるチャールズ・ガルトン・ダーウィン（Charles Galton Darwin，1887 ～ 1962）は，ラザフォードの下で研究し，英国物理学研究所所長を務めた。

図 7.1 ゲーリケ（Otto von Guericke, 1602 〜 1686）の静電気発生装置
ゲーリケは，マクデブルク市長を 1646 年から 1676 年まで務めた。ゲーリケ静電気発生装
置（左）は摩擦によって静電気を発生させるもので，この装置を基に，性能向上と小型化
が進んだ。右は，ホークスビー（Francis Haukbee, 1666 ？ 〜 1713）による改良版。

Augustin de Coulomb, 1736 〜 1806）である。エッフェル塔 1 階の
バルコニーに，設計者エッフェル（Alexandre Gustave Eiffel, 1832
〜 1923）はフランスの科学および技術に貢献した 72 人の名を刻んだ。
その 44 番目にクーロンの名がある。

　クーロンは，フランス北部（ベルギーとの国境近くのコミューン）
メジエール（現在のシャルルヴィル＝メジエール）にある工兵学校で
土木工学を学んだ。工兵学校卒業後は，主に地図作成のための測量を
行う工兵隊技師士官としての仕事に従事した。このためか，クーロン
の関心は実用に結びついている。西インド諸島マルティニーク島に転
属になりブルボン城塞を築く業務に就いたときは，粘着力のない砂質
土を前提とした土圧（クーロン土圧）を考案した。また盛土と壁面と
の摩擦を考え，摩擦力は接触面積と互いのずれの速さによらないが，
荷重に比例するとした。これをアモントン–クーロンの法則という
（Guillaume Amontons, 1663 〜 1705）。

　クーロンは，科学アカデミー（1666 年創立）主催の船舶用方位磁

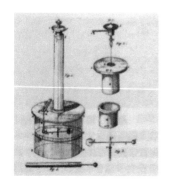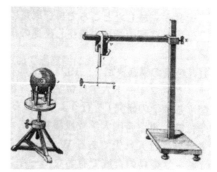

図 7.2 クーロンの電気斥力測定実験装置（左）と電気引力測定実験装置（右）
左図：下部のガラス製の円筒台の底から先端にあるネジまでの高さは約 1 m。

石の発明に関する懸賞論文に応募し，賞金を得た。その際のねじれ応
力に興味をもち金属細線のねじれ秤を発明した（1784 年）。クーロン
は，このねじれ秤が予想以上に精密に作動することを知り，その精密
さを示すために，静電気間にはたらく力の大きさを測定した。**図 7.2**
（左）の下部にあるねじり秤の一方に電気を帯びた小球を付け，それ
と同じ電気を帯びた固定球を近づけると互いに反発する。近づけた距
離と反発後のねじれ角を測定することにより，反発力（斥力）と距離
との関係を知ったのである。

　異なる電気を帯びた球の間には引力がはたらいて，2 つの球がぴっ
たりと接触してしまうため，**図 7.2**（左）の装置では測定できない。
そこで彼は，帯電させた小球を付けたねじり秤と異なる電気を帯びた
大きな球を**図 7.2**（右）のように置いた装置を考えた。右側に吊るさ
れたねじり秤を振動させ，その周期を測定する。この振動の周期は，
大きな球との引力作用により変化する。大きな球とねじり秤に付けた
小球との距離を変えることにより，この振動周期の変化を測定する。
クーロンは，この実験により，吸引力（引力）と距離の関係を求めた。

　クーロンは，これら斥力と引力の実験より，静電気力が距離の 2 乗

私は技術将校なので
実用のために研究を
したのです。

クーロン

図 7.3 クーロン

に反比例することを証明した（1785 年）。クーロンは式で表現することはしなかったが，彼の言葉を式で表すと次のようになる。

$$F = k\frac{qQ}{r^2}$$

ここで，F は静電気力，q と Q は電荷，r は電荷間の距離を示す。k は比例係数である。

　クーロンは，実験を行い，測定した数値を解析し，それを基にして結果を得ている。この実験，測定，数値解析という手順が，その後の物理学の探求方法の標準となった。また，電気量の単位クーロン（C）は，クーロンに因んでつけられた。

7.2 カエルと電池

　イタリア・フィレンツェから 80 km 北にあるボローニャ生まれのルイージ・ガルヴァーニ（Luigi Galvani, 1737 ～ 1798）は，最古の

大学であるボローニャ大学（創立 1088 年）で医学を学び，母校の解剖学の研究職に就いた。彼は 1780 年頃，摩擦静電起電機を放電させると近くに置いてあるカエルの脚が痙攣を起こすことに気がついた。さらに調べてみると，弓形の金属（**図 7.4**）の一方を神経に，もう一方を脚の筋肉に接触させると痙攣を起こすことがわかった。彼は，カエルの脚が電気を貯め込んでいるライデン瓶の役割をしていると捉えた。生命を活動させる原動力は電気であり，動物の身体に電気を発生させる作用があると考えた[3]。これは，ガルヴァーニ電気あるいは動物電気と呼ばれた。ガルヴァーニは，このことをまとめ『筋肉運動における電気力に関する考察』（1791 年）として出版した。タイトルからわかるように，主体は人体（筋肉と神経）にあることがわかる。

　舞台は，同じイタリアで，ボローニャより 25 km ほど西にあるパヴィアに移る。パヴィア大学教授アレッサンドロ・ヴォルタ（Alessandro Volta, 1745 ～ 1827）は，ガルヴァーニの論文を何度か読む

カエルの脚と神経をつなぐと，カエルが痙攣を起こす。
このことはカエルの脚が電気を溜め込んでいることを示唆しているのだ。

ガルヴァーニ

図 7.4　ガルヴァーニと彼の実験室のスケッチ
ガルヴァーニの右手の弓形の金属棒の一方をカエルの神経に，もう一方を脚の筋肉に触れさせると脚は痙攣を起こした。

3　検流計のことをガルヴァノメータ（galvanometer）という。これはガルヴァーニに由来してのことであるが，動物に電気を発生させる作用があることを意味しているのではない。検流計は，電流（電圧，電気量）を検出する装置のことをいう。

うちに，カエルの脚をライデン瓶とみなしているガルヴァーニの考え
に疑問をもつようになった。ヴォルタは，カエルの脚が電気を発生さ
せているのではなく，カエルの脚は検出器のはたらき（役割）をして
いるに過ぎないのではないかと思うようになった。彼は，電気現象の
原因はガルヴァーニの用いた弓形の金属棒にあると考えたのである。
弓形の金属棒の両端が異なる2種類の金属からなることに着目して，
ヴォルタは，銅と亜鉛を接触させると電気[4]が生じると仮定し，それ
を実験により確かめた。いろいろな金属を用いて実験を行い，亜鉛と
銀の組み合わせが大きな電位差が生じることを発見した。このような
電気の生じやすさで金属を分類したことは，イオン化傾向[5]を知るこ
とにつながった。

　ガルヴァーニは，解剖学において業績を積み，1782年にボローニャ
大学解剖学教授となった。ガルヴァーニは，弓形の金属は1種類の金
属でできているものもあり，それでもカエルの脚は痙攣したことを主
張して反論した。これに対し，ヴォルタは，金属の不均一性（加工の
違い，あるいは一方の端に表面に不純物が付いていた等）のためであ
ると返答した。

　ヴォルタは，安価な銅板と亜鉛板の間に食塩水を浸した布を挟み，
それを何段も積み重ね，一つひとつの接触で生じた電位差を足し合わ
せ，大きな電気を生じる電堆[6]をつくった（**図 7.5**）。ヴォルタ電堆
の発明である。現在の単位でいえば，銅板—布—亜鉛板の1組で起電
力は約1 V，20組を重ねれば約20 Vになる。それに，ライデン瓶の
ように1回きりの放電ではなく，絶え間なく電気流体（電流[7]）を循
環させられる。ヴォルタは，この発明を1800年3月20日付で，ロイ

4　電位差のことであるが，当時，電位差という概念も言葉もなかった。
5　水に対するイオン化傾向の大きさ順に並べると，Li，K，Ca，Na，Mg，Al，Zn，$Cr^{Ⅲ}$，
$Fe^{Ⅱ}$，Cd，Co，Ni，$Sn^{Ⅱ}$，Pb，$Fe^{Ⅲ}$，$Cu^{Ⅱ}$，$Hg^{Ⅰ}$，Ag，Pd，Pt，Auとなる。
6　「堆」は堆（うずたか）くからあてた漢字で，電堆は「でんつい」と呼ぶ（英語では
pileである）。
7　当時は，電流という概念も言葉もなかった。

ヤル・ソサエティ（ロンドン王立協会）[8] に報告した。一定電流をつくりだす画期的な発明であった。電流の発見者でもあるが，電位差(あるいは起電力）の単位が彼の名を冠して，ボルト（V）と定められた（1881 年）。

　ヴォルタの電堆によって論争に終止符が打たれた。しかしながら，ガルヴァーニは動物電気の存在を疑うことなく，この発明の前，1798年 12 月 4 日に亡くなった。ガルヴァーニが拘った電気と筋肉の動き

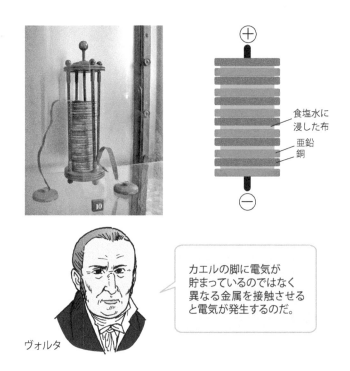

食塩水に
浸した布

亜鉛
銅

カエルの脚に電気が
貯まっているのではなく
異なる金属を接触させる
と電気が発生するのだ。

ヴォルタ

図 7.5　ヴォルタとヴォルタ電堆

8　Royal Society of London for Improving Natural Knowledge。1601 年に設立されたイギリス最古の学会。

の研究は，数十年後，生理学の世界に影響を与えた。神経活動が電気的活動であることが明らかになったことから，ガルヴァーニは電気生理学の草分け的存在とされている。

　1801年，北イタリアは，統領ナポレオン（Napoleon Bonaparte，1779〜1821）によりフランスの保護国となった。この年，ナポレオンは，ヴォルタをパリに招いて電堆の実験を実演させ，勲章を与え，伯爵に叙位し，年金を与えた。ナポレオン没落後も，ヴォルタはオーストリアで支障なく過ごしたが，これまでの業績が重荷になったのか，科学の世界に戻ることなく，コモ近郊あるいは別荘での隠遁生活を送った。

7.3　電流と方位磁石

　ヴォルタ電堆発明の報告後，電気の研究に拍車が掛かった。パリでは，600組を重ねた電堆をつくり，高電圧を実現した。ヴォルタはロイヤル・ソサエティ会長のジョーゼフ・バンクス（Joseph Banks，1743〜1820）に，電堆発明直後，手紙（1800年3月）で電堆の作り方を伝えていた。このこともあり，イギリスでは，その年の4月30日にヴォルタ電堆を再現し，5月初めに電気分解の発見に至った。その先頭を走ったのが，ハンフリー・デーヴィ（Humphry Davy，1778〜1829）である。デーヴィは，直ちに電気に関する5編の論文を投稿した。王立研究所[9]は，この業績を認め，1801年2月にデーヴィを雇用することとした。銅板と亜鉛板300組と500組の電堆を使い，電気分解によってカリウム，カルシウム，バリウム，ストロンチウム，マグネシウムを単離し，電気化学の扉を開いた。また，電極と溶液との間の化学作用を考えるうちに電流という言葉が定着してきた。

デンマークのランゲラン島で薬屋を営む家の息子ハンス・クリスティアン・エルステッド（Hans Christian Ørsted, 1777 〜 1851）は、ヴォルタの発明を知ると、直ちに電気流体（電流）に関する実験を考えるようになった。オランダ、ドイツ、フランスの研究者を訪ね、知見を広め、母校コペンハーゲン大学の自然哲学教授職に応募し、1806年に教授の職を得て、薬剤師を辞めた。雷が鳴ると磁針が揺れることに気づいていたエルステッドは、ヴォルタ電堆からの電気的相剋[10]が磁針に影響を与えることを実験によって試みた[11]。彼は、ラテン語[12]で書いた論文「電気的相剋が磁針に及ぼす効果に関する実験」を1820年7月に関係者に送付した。このエルステッドの論文は、注目され、ドイツ語、フランス語、英語に翻訳されて論文誌に掲載されたことにより広く知られることになった。電磁気という語は、エルステッドの造語である。

　エルステッドの研究を、さらに進めたのはフランスの絹の都として知られているリヨン商業地区生まれのアンドレ＝マリ・アンペール（Andre-Marie Ampere, 1775 〜 1836）である。アンペールの父は、裕福な絹商人である。現在、ポレミュー・オ・モンドール村にあるアンペール記念館は、父がアンペールが7歳のときに購入した家である。アンペールはこの家で育った。この村には学校がなく、アンペールは父から学んだ。フランス恐怖政治の1793年11月、父は処刑され、そのことはアンペールの心に大きな傷を残した。中学校やリセ（日本の

9　The Royal Institution of Great Britain はロンドンで1799年に創立された科学の普及・研究機関である。王立と冠しているが、王が運営しているわけではなく、国王が許可し、貴族・ジェントルマンからの支援で設立された研究所である。初代会長（所長）はウィンチルシー候である。
10　Conflit electrique の訳である。電流と訳すとつじつまが合うが、磁場のようである。力は1つであると考えていたエルステッドは磁針を動かすのは磁場であり、電流が磁石と同じ作用をもっていると捉えたのであろう。
11　電流の流れている導線の近くに方位磁石が偶然にあったと記している本が多くある。しかし、エルステッドの手紙（1821年）によると電流の作用が磁性物質（硬磁性材料のこと）にだけ影響を及ぼすことに注目していたので、彼の発見は偶然ではないことがわかる。
12　学術書や論文はラテン語あるいはギリシア語で執筆することが慣例となっていた。

図 7.6 エルステッドとアンペール

高校にあたる）の教師を経て，1804 年にエコール・ポリテクニーク
の職を得た。アンペールが，エルステッドの実験を知ったのは，エル
ステッドの論文発表の 2 か月後(1820 年 9 月)，エコール・ポリテクニー
ク教授のドミニク・アラゴー（Dominique Francois Jean Arago，
1786 ～ 1853)による科学アカデミーでの報告であった。アンペールは，
この報告の 1 週間後に電流が流れている 2 本の導線は互いに力を及ぼ
し合っていることを発見し，そのまた 1 週間後に 2 本の平行導線は，
電流が同じ向きであれば引き合い（引力），反対向きであれば反発し
合う（斥力）ことを見い出した。アンペールは，磁石間の力は，流体
運動をする電気により生じると考えた。磁石の本質は，その内部に存
在する微小な円電流であるとしたのである。これが，アンペールの分
子電流説である。アンペールは，自らの学問を電気力学と呼んだ。電
磁気学の創始者とも言える業績である。電流の単位であるアンペア

（A）は，彼に因んでいる。

7.4 電磁誘導の実験

エルステッドの論文が発表された翌年（1821 年）10 月，イギリスのマイケル・ファラデー（Michel Faraday, 1791 ～ 1867）が電気を運動に変える電磁回転装置をつくった。図 **7.7** のコップのようなものの中に入っているのは水銀[13]で，その中にある太い棒は棒磁石であ

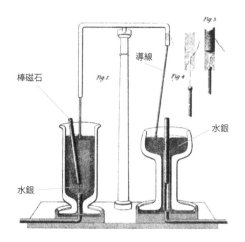

棒磁石

水銀

導線

水銀

図 7.7 ファラデー考案の電磁回転装置

13　水銀の電気抵抗は鉄の 10 倍ほどと大きい。
14　左右のコップに浮いたものが棒磁石で，左右に図の外に続いているのはコルクに包まれた導線である。また，水銀の密度は 13.5 g/cm^3，鉄の密度は 7.87 g/cm^3 であるため磁石は浮く。

る[14]。図に描かれていないが両側に向かう導線（コルクの中を通して
あるので太い）はヴォルタ電堆につながっている。左側のコップの棒
磁石は導線を流れる電流がつくる磁力で回転する。また，磁石が電流
の流れている導線のまわりを回るなら磁石も電流に影響を及ぼし，右
側のコップの上から下がる導線が磁石のまわりを回る。

　ファラデーは，電気と磁気が互いに作用する力を利用して継続的な
運動（機械的な仕事）を生じさせる装置，すなわち電動モーターの発
明をしたのである。

　ファラデーは，電流が磁気に作用するなら，磁気が電流を生じさせ
る[15]のではと考え，さまざまな実験を繰り返すが失敗を重ね，**図 7.8**
に示した実験に辿り着いた。鉄のまわりに導線をコイル状に巻いて電
磁石とし，もう一方に巻き付けた導線に電流が発生するかどうかを試
みたが期待通り[16]の結果は得られなかった。しかし，よく観察すると
スイッチを入れたり切ったりしたときに瞬間的に電流が流れている，
すなわち，この瞬間だけであるが，右側の回路に電流が誘発されたこ
とに気がついた。これは，電流により鉄（磁性体）の中に磁気が誘発

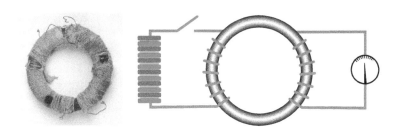

図 7.8　ファラデーが電磁誘導の実験で使用したコイル環と実験装置の模式図
左はファラデーが作成したコイル環：軟鉄の環（厚さ約 2 cm，外径約 15 cm）の左右に
導線を巻きつけたもの（導線と環の間は絶縁してある）。右は模式図：回路のスイッチを
閉じた（開いた）ときに検流計の針が震える。

15　この発想はアンペールにもあり，彼も失敗を重ねていた。
16　一方に電流を流し続けたら，もう一方に電流が誘発し，その電流がずっと流れると期
　待していた。

され，そして磁気の力が変化するともう一方の回路に電気の力が発生すると言える。この現象が電磁誘導であり，電磁誘導によって生じる電流を誘導電流という。1831年8月29日のことであった[17]。その年の11月に，この発見を「電気の実験的研究」と題してロイヤル・ソサエティで報告したが，そこには磁力線（力線）という磁場を表現する言葉[18]を使って，このメカニズムを説明している。また，この発見は発電機につながり，電流を工業的に生産できることになったため，工業技術においても大きな発見であった。

　ファラデーは，ガルヴァーニが『筋肉運動における電気力に関する考察』を発表した年（1791年）の9月22日，ロンドン近郊ニューイントンバッツで生まれた。父は鍛冶屋であるが病身で，一塊のパンを数日間かけて食したほどの貧困の家庭であった。このため学校教育はほとんど受けていない。ファラデーは，13歳のとき，フランス人のリボーが営む製本業および書店に徒弟見習いとして出され，家計を支え始めた。父を19歳のときに亡くした。リボーはファラデーが本を読むことを奨励し，製本技術を丁寧に教えてくれた。これらがファラデーに知識を与え，製本屋の主人の指導が実験技術の心得，特に，実験を拠り所にして自然現象を解明する姿勢を育ててくれた。仕事の後，自然哲学[19]の市民講義に参加し，科学に関心を高め，また自ら化学，電気，光学，力学などを集中的に学んだ。

　21歳のときに，書店の客から王立研究所の講義の高価なチケットをプレゼントされてデーヴィの連続講義（4回）に出席した。この講義ノートを清書し，図を加えて製本して贈った。また徒弟期間が満期となり，他の書店の職人となったが，気難しい主人であった。デーヴィが講義中に怪我をしたことがきっかけとなり，1813年3月，デーヴィ

17　ファラデーは，段落ごとに番号を付けた詳細な研究日誌を書いている。
18　磁場内において，その点の磁場の接線方向と同じ向きの曲線。
19　Natural philosophy，当時は物理学をそう呼んでいた。ニュートンの主著も
"Philosophiae naturalis proncipia mathematica" という。

の実験助手となった。この年の10月，デーヴィは大陸旅行（1年半）に出向くことになり，ファラデーは実験装置の世話と秘書役として同行した（デーヴィ夫人とその付添人の計4名）。すでに著名となっていたデーヴィは，パリでフンボルト，ゲイリュサック，ラプラスなどからの歓迎を受け，ミラノでは70歳近くになっていたヴォルタと会うなど，同行したファラデーを成長させる旅となった[20]。

　1824年1月，ファラデーは王立協会会員に選出された（反対票は，会長のデーヴィの1票のみであった）。2月，デーヴィの推薦により実験主任となった。1833年2月，実業家ジョン・フラーの寄付により化学教授となった。1840年から4年ほど実験室から遠ざかったが，1845年には磁場による光の振動面が回転する現象（ファラデー効果）と磁力の弱い方向に向かう現象（反磁性[21]）を発見した。しかし，そ

電流の変化が磁気を生み
磁気の変化が電流を生む。

ファラデー

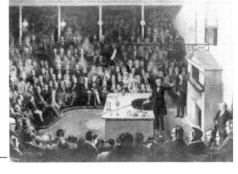

図7.9 ファラデーと王立研究所での講義
ファラデー『ロウソクの科学』はクリスマス講演（1860年）の講義録である。

20　この旅には難点もあった。デーヴィ夫人は偏見が強く，学校も出ていない夫の助手を奴隷同様に扱った。ファラデーは助手をやめようとまで悩んだ。

れ以後は実験的研究より理論的研究が多くなってきた。反磁性を説明するために，対象物体の空間も含めて考察する**場**という考えを導入し，光の電磁波説を発表したのはこの頃である。テムズ河畔のハンプトンコートに10年ほど住み，そこで1867年8月26日[22]に亡くなった。生涯500編の論文を発表したが共著は3編だけであった。これも，一人の門下生も育てることのなかった孤独な研究者の証だろう。

　なお，ファラデーは誘電率の研究においても顕著であり，静電容量の単位ファラド（F）はファラデーに由来している。

7.5　電磁場という考え

　1861年10月，ファラデーに光の媒質と電磁的媒質は同じであると手紙を書いたのは，ロンドンのジェームズ・クラーク・マクスウェル（James Clerk Maxwell, 1831 ～ 1879）[23]である。マクスウェルは，ケンブリッジ大学の先輩[24]であるウィリアム・トムソン（William

---

21　ファラデーは，自ら発見した現象を説明するためにelectrode（電極），anode（陽極），cathode（陰極），ion（イオン），electrolyte（電解質）など多くの用語をつくった。これらすべてはギリシア語に長けたウィルアム・ヒューーウェル（William Whewell, 1794 ～ 1866）に相談している。ヒューーウェルはケンブリッジ大学トリニティ・カレッジ鉱物学教授（後に学寮長）であり，scientistという造語をした人としても知られている。
22　この年の11月7日，ポーランド・ワルシャワでマリー・スクロドフスカが誕生した。後のマリー・キュリー（Marie Sklodowska Curie, 1867～1934）である。
23　スコットランド中部の領主クラーク家を曾祖父と南西端の領主マクスウェル家を曾祖母にもっている。父の代からクラーク・マクスウェルを名乗っている。またマクスウェルはファラデーが電磁誘導の発見をした年の6月13日にエジンバラで生まれた。母を8歳のときに亡くし，叔母の家からエジンバラ・アカデミー（中等教育学校）に通った。
24　ケンブリッジ大学には，300年の歴史をもつ数学卒業試験トライポス（graduates of the Cambridge Mathematical Tripos）がある。W.トムソン（1845年）とマクスウェル（1854年）はセコンド・ラングラー（2位）であった。レイリー，エディントンはシニア・ラングラー（1位）であった。

Thomson, 1824 〜 1907) の影響で電磁気に関心をもち, トムソンの研究を継承・発展させた。

　トムソンは 10 歳でグラスゴー大学[25]に入学し, ケンブリッジ大学卒業後, 22 歳でグラスゴー大学自然哲学教授となった早熟の学者である（後のケルヴィン卿）。トムソンは教授に就任した年, 磁気力のエネルギー密度の導出などを行い, 1847 年, ファラデーに力線を数学で表現できたこと, 電気力と磁気力の伝播と光速度に関わることなどを手紙で知らせている。以前よりトムソンは, 誘電体を物質の分極で説明したファラデーの考えを数学で表現するなど, ファラデー物理の数学化を模索していた。

　マクスウェルは, トムソンの影響を強く受けていることもあり, ファラデー物理の研究を継承し, ファラデーの見方・考え方を数学で表現することを研究目的とした。交錯し複雑に込み入った電磁気学を単純化して可能な限り少数の概念で説明することを考えた。これは大きな課題であったが, マクスウェルは, 1856 年 2 月, 力線を数学的に論じた「ファラデーの力線について」を発表した。まだケンブリッジ大学フェローのときであった。

　マクスウェルは, 1856 年 10 月, スコットランド北東部のアバディーン大学マリシャル・カレッジ教授となったが, アバディーン大学がもつキングス・カレッジと統合されることになり, 年少であることを理由に解雇され, 4 年後の 1860 年 7 月にロンドン大学キングス・カレッジ教授となった[26]。1861 年[27]に力学によって電磁気現象, 特に力線の法則性を数学的に表現した論文「物理的力線について」を発表した。

25　この当時のスコットランドの大学は, 通常より低い年齢で入学するのが普通であった。マクスウェルも, エジンバラ大学に入学したのは 16 歳であった。
26　この時期は, マクスウェルにとって多忙な時期であった。1856 年 4 月に最愛の父を亡くし, 1858 年 6 月にマリシャル・カレッジ学長の娘と結婚, その年 8 月に勤務大学統合のため失職, 1860 年 7 月にロンドン大学キングス・カレッジ自然哲学教授となった。
27　この間に, 土星の環（アダムス賞の課題）, 三原色論, それに気体分子運動論の研究を行った。

ここではアナロジーに頼ることなく、場を使って論じている。1865年に論文「電磁場の動力学的理論」を論文誌に掲載している（72頁の大論文である）。電磁気現象を引き起こしている運動状態にある媒体が存在し、その状態変化を力学によって論じているところに特徴がある。また、**電磁場**という言葉を初めて使った論文でもある。さらに、電気的あるいは磁気的作用を伝播する媒質は光の媒質と同じであることを示した。この論文で電磁場の方程式を導出しているが、E（電場）、D（電束密度）、B（磁束密度）、H（磁場）が基本量であることは述べておらず、電位 ϕ とベクトルポテンシャル A も加わって、基本方程式は 20 個、変数も 20 個もある[28]。

　マクスウェルは、これら電磁理論を集成し、1873年に『電気磁気論考』[29]を出版した。しかしながら、この書は数学的にも複雑で難解であったため受け入れられるには時間がかかり、その重要性が認識さ

私はファラデーの電磁気学の数学的に再構築することを目指したのだ。

トムソン

私の方程式は改良され電磁気学はたった4つの式で表されることになるのだ。それがマクスウェル方程式だ。

マクスウェル

図7.10　トムソン（後のケルヴィン卿）とJ.C.マクスウェル

れたのは，ハインリッヒ・ヘルツ（Heinrich Rudolph Hertz, 1857
〜1894）が電磁波の検証実験に成功（1888年）してからであった[30]。

28　マクスウェルの時代では，ベクトル表示はしておらず，成分ごとに表示していた。ベ
クトル表示をすると方程式は12となる。いずれにしても混乱してしまう。マクスウェル
の理論の本質を見抜き，これら方程式からポテンシャルの部分を除いて，現在のマクスウェ
ル方程式としたのは，オリバー・ヘビサイド（Oliver Heaviside, 1850〜1925）である（1885
年）。
29　J. C. Maxwell: "A Treatise on Electricity and Magnetism"（Clarendon Press）。
30　マクスウェルは，1865年秋に絶え間なく降り注ぐ雑務から逃れるため大学を辞して，
翌年に故郷グレンシアに戻った（1865年はファラデーが王立研究所を辞職した年である。
ファラデーは74歳，マクスウェルは34歳であった）。そこで領主としての仕事をしながら，
研究および『熱の理論』執筆に集中した（出版は1870年）。1871年，ケンブリッジ大学に
新設された実験物理学講座教授となった。キャヴァンディッシュの遺稿を出版したが，
1879年11月，母と同じ腹部癌に罹り48歳の若さで亡くなった。この年3月にアインシュ
タインがドイツ・ウルムで誕生している。

デーヴィの複雑な心

　ファラデーがデーヴィの講義を聴講した頃，デーヴィは転機を迎えていた。この講義を最終として王立研究所の正規の職を退いた。ナイト爵となったのも，実験中に大怪我をしたのも，この頃である。ファラデーの協力を得てデーヴィ灯を作製したが，次第に科学行政にスタンスを移していった。功績を称えられ準男爵，また王立協会会長に就任するに至った。

　ファラデーの活躍が顕著になってくると，デーヴィの最大の功績は，電気分解による金属の単離でも，塩素が元素であることを示したことでもなく，ファラデーを発見したことであると言われるようになった。現代であるなら，ノーベル賞受賞者となっていたであろうデーヴィにとって複雑な気持ちであった。

　デーヴィとファラデーは，王立研究所入所までの境遇が似ている。デーヴィには，ファラデー同様，学歴や立派な経歴はなく，外科医・薬剤医の徒弟として育った。徒弟期間満了後の21歳のとき，プリーストリーの研究に刺激を受けて『笑気の研究』を出版した。ファラデーがデーヴィの講義ノートを製本したのが21歳のときである。デーヴィは，ヴォルタ電堆の発明を知ると直ちに電気の研究を行って論文を発表した。これがきっかけとなって王立研究所に入所することができた。

　デーヴィは，ファラデーの13歳上である。初めの頃は，叔父が甥に接するようであったと言われている。しかし，ファラデーの評価が高くなるにつれて，出自が自分と似ているだけに，2人の関係は悪くなっていった。ファラデーがナイト爵，王立協会会長，王立研究所所長など多くの申し出を断り「ただのマイケル・ファラデーでいたい」と語ったのは，デーヴィをみていたからかもしれない。

第 **8** 章

電子の発見

陰極線は、電場によって曲がり、
磁場からも力を受ける。
つまり、陰極線は負の電荷を帯
びた粒子なのである。

J.J.トムソン

8.1 真空放電

　ファラデーは，電気分解の法則[1]の発見後，球形のガラスの中に電極を通して装置（**図 8.1**）をつくり，その内部を十分に排気してから電源を入れると放電が起こることを示した。ファラデーは，この気体放電実験のことを日誌（1836 年 6 月 21 日付）[2]に次のように記している。

・2つの極を離すと雷のような光の帯が陰極（−）から生じた。
・陽極（＋）側は暗い。
・2つの極の距離を大きくすると陽極から紫色の光が陰極に向かって進む。

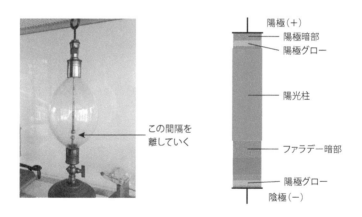

図 8.1　ファラデーの気体放電実験装置

1　現代の表現では次のようになる。①電気分解によって，陽極または陰極で変化する物質の量は通じた電気量に比例する。②イオン 1 mol をイオンの価数で割った量を電気分解するのに必要な電気量はイオンの種類によらず一定である。
2　Michael Faraday "Faraday's Diary Vol.III" G. Bell &Sons (1933).

・この光の帯は距離が大になるに従って延びるがその光の帯と陰極との間にいくつも暗い空間が見られた。

気体放電が起こることを確認しただけではなく，陰極のまわりのグロー（発光）と紫色の陽光柱との間に暗い部分があることに気づいている。現在では，彼の見出したこの暗い部分をファラデー暗部と言う（図 8.1）。この暗部の発見が，電子の発見につながることになった。

　ボン大学物理学教授ユリウス・プリュッカー[3]（Julius Plucker, 1801 ～ 1868）が気体放電の研究を新たなステップとなる真空放電[4]まで進めた。プリュッカーは，放電管内の圧力を下げることと電圧を高くすることに拘った。

　管内の圧力を下げることは，理化学機器製造会社を興したヨハン・ガイスラー（Johann Heinrich Wilhelm Geißler, 1814 ～ 1879）の装置に頼った。ガイスラーは，ボン大学出入業者であり，プリュッカーの依頼に合うよう，これまでより低い圧力（高い真空度）を実現する

真空で放電を行うと
ファラデー暗部が広がり
緑色の蛍光を発した。
なぜだ？

プリュッカー

図 8.2　プリュッカー

3　プリュッカーは，プリュッカーの関係式，プリュッカーの種数公式と名が冠されるほど代数幾何学の世界では業績豊かな数学者である。1836 年～ 1847 年は数学教授，1847 年から物理学教授となった。
4　気体の圧力が 1000 Pa 程度の低圧になると気体の電離が放電によらなくなるため，気体放電は真空放電と呼ばれるようになる。また，この有能な放電管をプリュッカーはガイスラー管と名付けた。

水銀を用いた放電管（真空度 100 Pa 以下[5]）を 1855 年に開発した[6]。高電圧は，実験機器製作者のダニエル・リュームコルフ（Heinrich Daniel Ruhmkorff, 1803 〜 1877）が 1851 年に電磁誘導を応用して製作した誘導コイル[7]を用いた。

プリュッカーは，これまでより高真空度・高電圧の装置を使って，管内の圧力を下げるとファラデー暗部が広がること，陰極付近のガラスが緑色の蛍光を発すること，その蛍光が磁石を近づけると移動することを見つけた。また，放電管に入れる気体の種類によって光の色が異なることを実験により示した。

プリュッカーの研究は，ボン大学での教え子でミュンスター大学教授となったヨハン・ヒットルフ（Johann Wilhelm Hittorf, 1824 〜 1914）に引き継がれた。ヒットルフは，放電管内の気体をさらに排気していくと暗部がさらに広がって管内すべてを覆ってしまい，陰極と反対側のガラス壁が薄黄緑色の蛍光を発することを見つけた（**図 8.3**）。この薄緑色は残留気体の種類によらない。陰極と蛍光を発するガラス壁との間に物体を置くと，その物体の影がはっきりと映ることを発見した。1869 年のことである。

ヒットルフは，陰極から目に見えない放射線が出ており，それがガラス壁にあたって蛍光を発しているはずだと捉え，原因はその謎の見えない放射にあると考えた。

ベルリン大学のヘルマン・ヘルムホルツ[8]（Hermann Ludwig Ferdinand von Helmholtz, 1821 〜 1894）のところで学んでいたオ

5　パスカル（Pa）は，圧力の SI 単位である。1 気圧（atm）はおよそ 101,325 Pa である。
6　この程度の真空度では，放電管内の電子はただちに気体分子と衝突し，電子の流れは拡散過程によって行われる。このため電子の運動エネルギーは高くはなく，陰極線はつくられない。気体分子は，電子との衝突により励起され，グロー放電が見られる。
7　低電圧直流電源から高電圧の交流を得る装置である。
8　ヘルムホルツは，ウィリアム・トムソン（ケルヴィン卿）と共に，19 世紀を代表する物理学者である。マイヤー（Julius Robert von Mayer, 1814 〜 1878），ジュール（James Prescott Joule, 1818 〜 1889）とは独立にエネルギー保存法則を導出したことでも知られている。

陰極から目に見えない放
射線が出ていて、それが
ガラス壁にあたって緑色
の光を発しているにちが
いない!

ヒットルフ

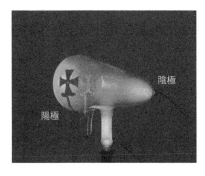

陰極

陽極

図 8.3 ヒットルフと放射線の影 (写真は最近の実験による)

イゲン・ゴルトシュタイン (Eugen Goldstein, 1850 〜 1930) は, こ
の見えない放射線が陰極板の面と垂直の向きに真っ直ぐに方向を変え
ずに運動していることをヒットルフの影を観測することにより確認
し, 1876 年, ヒットルフの発見した未知の放射線を陰極線 (cathode
ray) と名付けた。陰極線は, 陰極の大きさ, 形, それに陰極の材質
によらないことを示した。

　イギリス・ロンドンのウィリアム・クルックス[9] (Sir William
Crookes, 1832 〜 1919) は, 真空ポンプを改良し, さらに真空度を
上げて, 陰極線の通り道に軽い羽根車を設置 (**図 8.4**) し, それが回

9　ファラデー暗部より陰極に近いところにも暗部 (クルックス暗部) があることを見つ
けるなど, 真空放電においても貢献した (当時の真空度は 50 Pa 程度であった)。

図 8.4　クルックスとクルックス管内での羽根車実験

り出すことを示した。このことの原因を探るために，さらに真空度を高めてみたところ，羽根車の回転が遅くなった。これは残留気体分子の存在が回転を妨げているのではなく，その逆の効果があることを意味している。また，陰極の近くに金属箔を置くとそれが白熱状態になることを知った。この 2 つの実験結果から，陰極線が羽根を熱し，その近くにある残留気体分子の運動が激しくなり，これらが高速で衝突して，羽根に運動量を与え，それで羽根車が回ると考えた。

　ガイスラー管よりも真空度が高く，真空度が $1 \sim 10^{-2}$ Pa の放電管をクルックス管という。

8.2 電子の発見

　陰極線の正体は何なのか。イギリスの電信技術者クロムウェル・ヴァーレイ（Cromwell Fleetwood Varley, 1828 ～ 1883）は，1871 年，磁場により陰極線が曲げられることから，陰極線は負の電荷をもった粒子の流れであるとの仮説を述べた。クルックスは，管内に残った気体分子が陰極に衝突し，跳ね返された負イオン分子（粒子）の流れが陰極線であると考えた。

　ドイツの研究者の考えは，イギリスの研究者のこれらの考えとは異なっていた。当時，キール大学私講師であったヘルツ[10]は，1883 年，陰極線に電場を作用させても曲がらないことを実験で示し[11]，これにより陰極線はエーテル振動による波であると考えた[12]。磁場で陰極線が曲がるにもかかわらず（これは電流の特徴である），彼らが光のような波動説を唱えたのは，当時，光のことがよくわかっていなかったこと，また光であったとしてもファラデーの磁気光学効果[13]の存在により，磁場が光に影響を及ぼしてもそう不自然だと捉えていなかったこともある。

　粒子説と波動説の論争に終止符を打ったのは，キャヴェンディッシュ研究所[14]所長・教授である J.J. トムソン[15]（Sir Joseph John Thomson, 1856 ～ 1940）である。1894 年に，J.J. トムソンは回転鏡

10　ヘルツは，マクスウェルが理論的に予言していた電磁波の存在を実験的に検証したことで知られているが，これは 1888 年のことである。
11　これは間違いで，後述するように，曲がらなかったのは残留気体が電場を打ち消してしまったためである。
12　エーテル振動説である。マクスウェルの電磁波説以後では，エーテルは電磁場の媒質であり，エーテルの振動は電磁波の一種であると考えられていた。つまりエーテルは光も伝播する媒質と考えられていたが，光が横波であることが示されると矛盾が生じた。
13　ファラデー効果という。直線偏光が磁場中にある透明媒質の中を伝播するときに偏光面が回転する現象をいう。

を用いて陰極線の速さを測定して 1.9×10^5 m/s という結果を得た。これは，光速度に比べはるかに遅いため電磁波と考えることは不自然であるとし，粒子説に確信をもった。また，フランスの師範学校のジャン・ペラン[16]（Jenn Baptist Perrin, $1870 \sim 1942$）は，1895年，陰極から負電荷をもった粒子が陰極線と同じ方向に移動していることを実験的に示した。これらが示されたことで，粒子説に大きく傾いた。

J.J.トムソン（**図8.5**）は，放電管の中の残留気体が陰極線によって電離されることに気づいた[17]。そのとおりであるなら，正と負に帯電した2枚の金属板の間の残留気体が電離され，それが電場の作用を相殺してしまうことになると考えた。J.J.トムソンは，1897年，高性能の真空ポンプを用いて，これまで以上に管内の残留気体を排気して，陰極線はたった2Vの電位差でも曲がることを確認し，**図8.6**のような装置を用いて陰極粒子の比電荷（e/m＝電荷/質量）を測定した。

陰極線は負の電荷を
持つ粒子である。
これをコーパスル（微
粒子）と名づけよう。

J.J.トムソン

図8.5 J.J.トムソン

---

14 ヘンリー・キャヴェンディッシュ（Henry Cavendish, $1731 \sim 1810$）を記念して，1871年に創設されたケンブリッジ大学に所属する物理学研究所。初代所長はマクスウェル，2代目はレイリー卿，J.J.トムソンは3代目所長である。

15 トムソンが複数登場する。彼は研究所内でJJと呼ばれ，慕われていたこともあって，彼の名をJ.J.トムソンと記すことが慣例となっている。

16 ペランは，アインシュタインが奇跡の年（1905年）に発表したブラウン運動の理論を実験的に証明した（1908年）ことで知られている。

17 ヘルツは，残留気体が電場の影響を弱めていることに気づいていた。

陰極板から発生した陰極線は，陽極につながっているスリットともう1つのスリットを通過してビーム状に絞られ，電場を生じさせる電極を通過することにより曲げられ，球形となっている管の端に届いて蛍光板に斑点をつける。この位置と電場をかけず真っ直ぐ進んだときの斑点の位置（中心点）とのずれ（変位）を測定する。この変位，電場の大きさ，偏向板の長さ，偏向板の端（**図8.6**では右）から蛍光板までの距離，それに電子の初速度から比電荷がわかる。電子の初速度は，次のように測定する。偏向板の両側に垂直な向きに電磁石を置いて（電場に垂直な向きに）磁場をかける。この磁場の大きさを，蛍光板につけた中心点に陰極線がくるように調節し，電場とこのときの磁場の大きさとの比により電子の初速度がわかる。

　J.J.トムソンは，この比電荷が負であること，また比電荷の値が陰極に用いた金属の種類や管内の残留気体によらず一定値であることを確認した。これにより，陰極線は負の電荷をもっていること，比電荷は水素イオンに比べると2000倍ほど大きいことがわかった。陰極線粒子の電気量を水素イオンの電気量と同じであると仮定すると，陰極線粒子の質量は，水素イオンの質量の2000分の1となる。J.J.トムソンは，1897年4月30日，これらのことを王立研究所において「陰極線」と題して講演を行った[18]。またその講演で，この負電荷で小さな質量

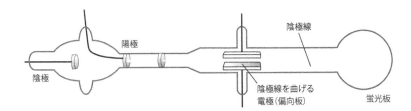

図8.6　J.J.トムソンの陰極線粒子の比電荷測定装置

18　この講演をまとめて，論文 "Cathode Rays", Phil. Mag. 44-5 (1897) 293-316 にした。

をもつ陰極線粒子をすべての物質を構成する共通の微小粒子であると考え，これをコーパスル（corpuscle；微粒子を意味する）と名付けた[19]。

陰極線が負電荷粒子からなることが明確になっても，測定したのは比電荷であるので，これを電子の発見と結論を出すことはやや性急のように思われる。少なくとも，別の視点からの考察が必要であった。

それを担ったのがゼーマンである。ピーター・ゼーマン（Pieter Zeeman, 1865 〜 1943）は，オランダの巨匠ヘンドリック・ローレンツ（Hendrik Antoon Lorentz, 1853 〜 1928）の助手を経て，ライデン大学私講師となっていた。ゼーマンは，1896 年，磁場中でのナトリウム原子のスペクトル線を調べているとき，D 線の幅が広がっていることに気づいた。この現象をさらに調べてみると，この D 線が磁場の方向に応じて 2 重，3 重になっていることがわかった。ローレンツは，すべての物質は荷電微粒子（電子のこと）で構成されており，発光はこの荷電微粒子の運動により起こると考えていた。ゼーマンは，師であるローレンツの理論で考えれば，磁場から荷電微粒子にはたらく力で説明できるはずであると考え，ローレンツに相談した。ローレンツは，広がった線が偏光していること，それにその広がりから荷電微粒子の比電荷が計算できると指摘した。ゼーマンは，これらを計算し，1896 年 10 月のアムステルダム・アカデミーで報告した。

J.J. トムソンの比電荷の値は，ゼーマンの計算結果に一致していた。電子の発見が，1897 年とされたのはこのことによる。

J.J. トムソンは，マンチェスターの商人の子として生まれた。父は，彼が 16 歳の頃に亡くなったが，亡くなる前にマンチェスターで最も有名な学者であるジェイムズ・ジュール（James Prescott Joule,

---

19　電子（electron）という名は，1891 年，アイルランドのストーニ（George Johnstone Stoney, 1826 〜 1911）の考案である。しかしストーニは電気素量の意味で使っていたので，コーパスルを電子としたのはローレンツが 1900 年の国際会議での講演で説明してからである。これ以後，電子が用語として定着した。

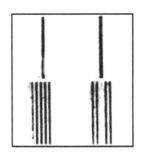

磁場をかけない実験だと上のように1本になりますが、磁場をかけると下のように何本かに分裂するのです。

ゼーマン

ゼーマン君！
これは電子の存在を証明する重要な発見だ！

ローレンツ

図 8.7 ローレンツ，ゼーマン効果によるスペクトルの分岐。
1902 年度ノーベル物理学賞は師弟同時受賞であった。

1818〜1889）に会わせてくれた。残された母子には苦労が多かった。14 歳のときに，オウエンス大学（現在のマンチェスター大学）に入学し，20 歳でケンブリッジ大学トリニティ・カレッジの給費生となった。数学卒業委試験トライパスでは，マクスウェルと同じセコンド・ラングラー（2 位）であった。卒業後，フェローとなり，精力的に論文発表を行った。そして，1884 年，28 歳の若さでレイリー卿の後任として選出され，キャヴェンディッシュ研究所所長・教授となった。

　J.J. トムソンは，すべての研究員の研究ばかりか，常に研究員一人ひとりに対して心から関心をもっていた。これは独創性より熱意を大切にしていたことにつながっている。創造性を要求されても困ってしまうが，情熱をもって研究することは可能である。このためか，スピー

チが下手でも，不器用で頻繁に器具を壊しても，すべての人に慕われ，J.J. と呼ばれていた。何より J.J. トムソンは，キャヴェンディッシュ研究所を世界一の実験物理学研究所と育てあげた。自身は気体の電気伝導に関する研究で 1906 年度ノーベル物理学賞を受賞し，弟子の E. ラザフォード（1908 年度化学賞）をはじめ，L. ブラッグ（1915 年度物理学賞），F.W. アストン（1922 年度化学賞），H.A. ウィルソン（1927年度物理学賞），O.W. リチャードソン（1928 年度物理学賞），E.V. アップルトン（1947 年度物理学賞），それに息子の G.P. トムソン（1937年度物理学賞）という所員の受賞歴でもわかる。

8.3 ミリカンの油滴実験

　まったく異なる実験において電子の比電荷の値が一致したことで，陰極線は波動ではなく負電荷をもつ微粒子（電子）の流れであることが確定した。しかし，測定されたのは比電荷（e/m）であって，電子の電荷あるいは質量ではない（ただし，すべての電子の比電荷が等しいことは示していた）。このため，比電荷が水素イオンの 2000 倍という情報からは，電荷が水素イオンの 2000 倍なのか，質量が水素イオンの 1/2000 倍なのか，それともこれらの間の値なのかわからない。20 世紀になって，電子の電荷の大きさに関心が集まった[20]。これを実験で測定しようと挑戦した一人が，シカゴ大学のロバート・ミリカン（Robert Andrews Millikan，1868 ～ 1953）である。

　ミリカンは，1906 年，この研究を開始した。J.J. トムソンが教え子

─────────

20　J.J. トムソンは，1898 年に，同僚のチャールズ・ウィルソン（Charles Thomson Rees Wilson，1869 ～ 1959）が考案した霧箱を用いて，コーパスル（電子）の電荷の測定を試みている。彼は，電子の電荷のおおよその値を得ている。

のハロルド・ウィルソン（Harold Albert Wilson, 1874 〜 1964）と行っ
た実験（1903年）を再現することから始めた。H. ウィルソンは，箱
内を過飽和の空気で満たし，その箱の中に注入した荷電粒子がその周
囲に水蒸気を凝結させて霧をつくり，その霧により，荷電粒子の運動
を可視化することにより測定した。しかしミリカンは，霧ではなく，
一粒の水滴に着目した。水滴を帯電させ，それを一様電場の中で自由
落下させ，電場の大きさを調節することにより，水滴の電荷量を測定
してそのデータから電子の電荷の大きさを知ることを考えた。何度か
試してみると，電場を大きくすると水滴が蒸発してしまって満足する
データが得られない[21]。そこで，ミリカンは蒸発速度の小さい油滴を
用いて実験することにした。実験装置の概念図を**図 8.8** に示した。

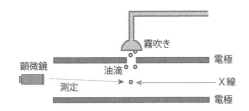

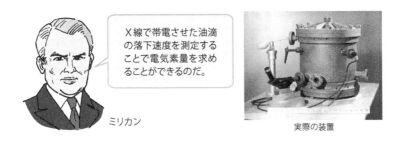

図 8.8　ミリカンの装置の概念図
極板（上部）には小さな穴を空け，そこから極板間内に油滴を落とす。

21　ミリカンの電子の電荷の論文は，この水滴で行った実験結果をまとめたもので，1909
年に発表された。

ミリカンの油滴実験の方法は，次のようである。①油滴を落下させ，その終端速度を測定することにより油滴の大きさを求める。②電圧をかけた平行平板電極の中で，X線を照射することにより油滴を帯電させ，それを自由落下させる。その終端速度を測定することにより油滴の電荷を求める。③これら油滴電荷の測定値から電気素量を求める[22]。

　ミリカンは，1910年〜1913年，精度を高めるべく装置の改良，測定方法の工夫をして満足のいくデータを得るたびに論文を発表した。彼は，この研究を始めるまで，講義および教科書の執筆などでシカゴ大学での教育に貢献していたが，研究者としての業績はほとんどなかった。電子の電荷の大きさを知るというテーマを得てから，物理学に貢献したい気持ちが蘇ってきた。独自の発表を行えば，批判もあり，心労も多くなるがその道を歩み始めた。この実験での論文発表後は，アルベルト・アインシュタイン（Albert Einstein，1879〜1955）の光電効果の理論を実験的に示すなど多くの貢献をした。1923年度ノーベル物理学賞を「電荷の単位と光電効果に関する業績」で得て，研究者として弾みをつけて生涯研究者として活躍した。

8.4　X線の発見

　電子の発見から数年前に戻る。場所はドイツである。1891年，ノルトライン＝ヴェストファーレン州にあるボン大学教授のヘルツは，陰極線が金属薄膜を透過することを発見した。ヘルツの助手であるフィリップ・レーナルト（Philipp Eduard Lenard，1862〜1947）は，

22　測定データは，10^{-19}C を単位とすると，1.8, 5.1, 3.4, 4.8, 3.6, 6.4などが得られるが，整数倍したらこれらの数となる基本数が電子の電荷（電気素量）を示すことになる。

図 8.9 レーナルト管とレントゲン博物館に展示してある X 線発見当時の実験装置

ヘルツの研究を継承し，翌年（1892 年），金属薄膜の窓をもった陰極線管（レーナルト管）を開発し，この窓を出口として陰極線を放電管の外（空気中に約 2 cm）に取り出すことに成功したことを 1894 年 4 月に報告した。レーナルトは陰極線研究のトップランナーの一人となった。バイエルン州にあるヴュルツブルク大学[23]学長ヴィルヘルム・コンラッド・レントゲン（Wilhelm Conrad Rontgen, 1845 ～ 1923）は，放電管の窓をつくるアルミニウムの薄膜（2.7 μm）を提供してくれないかとレーナルトに手紙で依頼した（1894 年 5 月 4 日付）。レーナルトは，2 枚の箔を送ってくれたばかりか，レーナルト管の製造をした会社を教えてくれた[24]。その会社ではさらに手を加えていたため，レントゲンはレーナルトが使用していた放電管より優れたレーナルト管を手に入れることができた。

23　創立 1402 年の総合大学であり，正式名は Julius-Maximilians-Universität Würzburg である。

24　レーナルトは陰極線の研究に貢献した（1905 年度ノーベル物理学賞受賞）ばかりか，光電効果の研究でも先駆的な業績をあげているが，あと一歩のところで大きな発見に至らなかった。自分の貢献が認められず，人を憎むようになっていった。J.J.トムソン，レントゲン，それにアインシュタインも彼の被害を受けている。

レントゲンは，1894年6月，レーナルトの実験を再現することから陰極線の研究を開始した。レントゲンは，当時49歳，これまで比熱，熱伝導，圧縮，放電など気体に関わる現象を解明することを主に行ってきた研究者であり，陰極線の研究においては新参者であった。陰極線を空気中に取り出したレーナルトの実験に興味をもち，これを再現することから陰極線の研究に入ろうとしていた。レーナルト管，クルックス管，自ら改良した高電圧発生装置，高性能の真空ポンプなどを準備し，工夫をしながら，詳細に拘りながら進めている。この実験の取り組み方は，これまで培ってきた研究スタイルを活かしていることからも，この分野では新参者であるが，ベテラン研究者のチャレンジであった。

　実験は一つひとつに注意を払い，丁寧に行われている。陰極線の検出にはシアン化白金バリウムの蛍光板を用い，放電管の外に引き出した陰極線に着目するために黒い紙で放電管を覆い，放電管内の光を遮断した。実験を繰り返していると奇妙なことに出会った。1895年11月8日のことである（研究開始から1年半）。いつものように電源を入れてみると，放電管の近くに置いてあったる蛍光板（シアン化白金バリウム）が光っていることに気づいた。陰極線は，レーナルト管から数cmほどしか空気中を通過できないため，それより離れたところにある蛍光板が光っていることを不思議に思い，調べてみた。蛍光板を徐々に離して2mほどの距離においてもわずかに光っていること，放電管と蛍光板の間に1000頁の本あるいは厚さ数cmの樅材を置いても蛍光板は光っていること，その間に手を置いてみると手が薄い影になり骨が見えたこと（図8.10），これらの現象は放電管の電源を切ると見られなくなることから原因が放電管にあること，などである。

　誰も経験したことのない現象を目の当たりにしたのであるから，直ちに発表したくなるのがいたって自然な気持ちであるが，レントゲンはそうせずに，約7週間もの間，この不思議な放射線を可能な限り調べている（ベテランゆえの冷静かつ慎重な判断である）。レントゲンは，

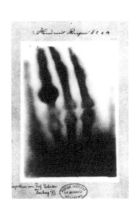

レントゲン

図8.10 X線写真（レントゲン夫人の手）

1895年12月28日付で論文「新種の放射線について」をヴュルツブルク物理学医学協会に投稿した。レントゲンは，この論文において，この新種の放射線の物質透過性，磁場により屈曲しないこと，陰極線が放電管内側のガラス壁と衝突する点から発生していることなどを論じ，またこの放射線を方程式の未知数で使われているxを用いて"X線"と名付けた。

　レントゲンによるX線の発見は，翌年（1896年）1月5日のウィーンの新聞 Die Presse の1面トップ記事掲載され，これがロンドンに伝えられたのを機に，一気に世界中に広まった。日本は，電報料が高価であるため船便で2月中旬に伝わった。知らせを受けて実験をしたのは，3月中旬，帝国大学理科大学教授の山川健次郎（1854～1931）と助教授の鶴田賢次（1868～1918）である。

　レントゲンは，プロイセン[25]の小さな町レムシャイド＝レンネップで織物業を営んでいる家で生まれた。3歳のときに，一家は革命を避けてオランダのアッペンドルンに引っ越し，その地の小学校を卒業

25　プロイセン国王がドイツ皇帝となった1871年からドイツとした（他説あり）。

した後，アッペンドルンから西に 60 km ほど離れたユトリヒトの工業学校に入学した。そこの化学の教員の家に下宿し，そこから学校に通った。ほぼすべての科目の成績は上位であったが，物理は不可であった。卒業の年に，クラス内の事件に巻き込まれて退学となった。レントゲンはユトリヒトに残り，1865 年 1 月，大学入学資格試験を受験したが不合格であった。その後，ユトリヒト大学の聴講生となって学んでいたが，スイス・チューリッヒに，大学入学資格がなくても入学試験を受けることのできる連邦工業専門学校[26]があることを知り，1865 年 11 月に入学，そこで 3 年の課程を修了し，機械技師の資格も取得した（1868 年）。しかしながら，ルドルフ・クラウジウス[27]（Rudolf Julius Emanuel Clausius, 1822 〜 1888）の講義に魅せられて，物理学を深く学びたくなっていた。

　クラウジウスが，1867 年にビュルツブルグ大学に移動して，アウグスト・クント[28]（August Adolph Eduard Kundt, 1839 〜 1894）が赴任してきた。レントゲンはクントに励まされ，物理学研究者の道を歩むことになった。クントの指導で気体に関する研究でチューリッヒ大学から学位を取得した（1869 年 6 月）。クントがビュルツブルグ大学に移るとレントゲンも助手として異動した（1870 年）。クントは，レントゲンの才能を評価して大学教授資格を与えるよう教授会に申し出たが，学歴のないレントゲンを認めてはもらえなかった。クントが，1872 年，シュトラスブルク大学に移ると助手として同行した。レントゲンの大学教授資格論文はクントの推薦のおかげもあって，この大学で認められた。30 歳のときにホーヘンハイムの農業大学に赴任したが，多くの校務と研究環境がないことを理由にクントのところに戻

26　1855 年に創立された現在の ETH である。Eidgenossische Polytechnischen Schule. アインシュタインもギムナジウムを中退して，この学校に入学している。
27　熱力学第 2 法則を定式化し，熱力学的状態量であるエントロピーの概念を導入した。
28　音響学と光学の分野で貢献した。特に，気体中の音の速度を測定するクントの実験（1866 年）で知られている。

研究に学歴は
関係ないのだが。

クント

図 8.11 レントゲンの恩人クント

り，助教授として研究を続けた。レントゲンの業績も増え，評価も高
まり，1879 年，ギーゼン大学から招聘され，実験物理学者として経
験を積み，また教授として研鑽を積んだ。1888 年 10 月，教授資格不
合格としたビュルツブルグ大学の教授となり，1894 年に学長となっ
た。

　レントゲンは，X 線の特許を取得することもなく，勲章はもらった
が貴族の称号は返上し，それに第 1 回ノーベル物理学賞を受賞しても
その賞金は全額ビュルツブルグ大学に寄付した。レントゲンが，学問
上の発見，発明は人類に貢献するものであり，特許や商標などの権利・
契約など個人あるいは特定の団体によって管理されるべきではないと
したドイツの大学教授の誇りを受け継いでいたことによる。

　J.J. トムソンは，考えごとをしていると周りが見えなくなる。よれよれのひどいズボンをはいていた J.J. を見かねた同僚がズボンをプレゼントしてくれた。J.J. は，そのズボンをはいて研究所に出掛けたことがあったが，夫人はいつものズボンが部屋にあることに気づき，慌てて守衛に電話をした。「主人はズボンをはいていたでしょうか」。考えごとをしている夫なら，ネクタイを絞め上着を羽織っても，ズボンをはかずに出掛けてしまったと確信したのである。

＊

　図9.8（p.145）は，ハイゼンベルクとディラックの講演記念写真である。ハイゼンベルクとディラックは，シュレーディンガーと共に量子力学構築を成し遂げた後であるが 27 歳と若かった。長岡半太郎はすでに 64 歳，学界において最高指導者の立場にあった。ハイゼンベルクの左は第 3 代所長の大河内正敏（1878～1952）である。

　長岡は，13 歳下の大河内の所長誕生に際して「J.J. トムソンがキャヴェンディッシュ研究所長となったのはわずか 26 歳，当時彼は社会から認められていなかった…。これが英国学界の幸福となったが，もし他の人が所長になっていたら，ケンブリッジの研究所は今日の如き発展はしなかったであろう。…日本も人物をつくらねばならぬ」と賛成している。大河内は，組織を理研コンツェルンと呼ばれるまでに成長させた。

　長岡は自らの原子模型に対する批判と対峙していた頃，「研究室に閉じこもって日露戦争も知らなかった科学者」とマスコミに非難された。開戦以後に生まれた 5 人の子の名を日露戦争に因んでつけていたのだから，この非難は的外れであったが，戦時中でも研究中心の生活であった。東北帝大の設立に関わり，研究至上主義の大学とした。また，この写真撮影 1 年後，大阪帝大の初代総長となり，研究の大切さを唱えた。

第 9 章

原子模型

欧米から学問を輸入し
これを日本人に普及するのは
宿志ではない。
研究者の群に入り
学問の一端を啓発しなければ
生まれた甲斐がない。

長岡半太郎

9.1 J.J.トムソンの原子模型

　J.J.トムソンは，電子発見の論文「陰極線」（1897 年）[1]において，原子構造[2]に関しても議論している。その中で，プラウトの仮説[3]のように水素原子をすべての化学元素の共通な原物質とすることには無理があるが，未知の原物質 X がそれに代わるならこれまで知られた事実の範囲内において矛盾はない，と記した。そして，コーパスル（電子）がこの未知の X であるとの推測は，すべての化学元素の中に X が共通に存在するとの考えと一致するため不自然ではないと論じた。

　しかしながら，コーパスルの質量は水素原子の約 2000 分の 1 であるとするなら，原子の構成物質であるコーパスルの数は 2000 個以上なくてはならない。その上，原子は電気的に中性であるため，コーパスル 2000 個以上の負電荷を相殺する正電荷の存在を示さなくてはならない。J.J.トムソンは，この論文の中では電荷のことには触れてはいないが，原子内に数多く存在するコーパスルの配置のことを，アルフレッド・マイヤー（Alfred Marshell Mayer，1836 ～ 1897）の行った水に浮かせた浮遊磁石の実験を基にして論じ，元素の周期律を説明する手掛かりとなると考えた。

　マイヤーは，磁化した針にコルクを刺し，それが水面に垂直に立っ

1　物理学史研究刊行会編『物理学古典論文叢書 8　電子』「陰極線」（遠藤真二訳）（東海大学出版会，1969 年）。
2　"atom" の "a" は否定語，"tom" は分割を意味し，不可分割なもの，すなわちこれ以上細かくできない，構造を持たない究極的な粒子を意味している。"原子" も同様で，物質の究極的な構成粒子を意味する言葉である。このため，原子が内部構造をもち，さらに小さな粒子からつくられているとすると，言葉の意味する "原子" ではなくなってしまう。元素を原子とした慣例により，"原子の構造" は言語として奇妙なことになった。
3　スコットランドの医師ウィリアム・プラウト（William Prout，1785 ～ 1850）が，①すべての物質を構成している始源物質は水素である，②水素の原子量を単位とすると他の元素の原子量は整数となる，とした仮説である。プラウトはこの仮説を Annals of Philosophy の 2 つの匿名論文（1815，1816）の中で発表した。

原子は正電荷を帯びた雲のような空間の中に電子が分布しているのではないか？

ウィリアム・トムソン（ケルヴィン卿）

コーパスル

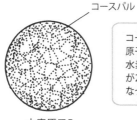

水素原子？

コーパスルの質量は水素原子の2000分の1なので水素原子にはコーパスルが2000個以上あることになってしまう！

J.J.トムソン

磁化した針　水槽

3個だと三角形

4個だと四角形

5個だと五角形と四角形がある

磁針を水槽に浮かべると規則的な配置を取る。原子内部のコーパスルの配置もこれと関係があるのではないだろうか？

図 9.1　原子模型をつくるための J.J. トムソンの試行錯誤
J.J. トムソンは，正電荷球の中に電子をどのように配置すると安定になるか試行錯誤を繰り返した。

て浮くようにし（浮遊磁石），これをいくつか水槽に浮かし，上部から棒磁石を近づけたときの並び方を観測した。浮遊磁石の数が3個なら正三角形，4個なら正方形の頂点に配列されるが，5個以上になると，正5角形の各頂点に配列される場合と正方形の各頂点とその中央に1個が配列される場合があり，6個になると正五角形の各頂点とその中央に1個が配列される場合と正三角形の各頂点と各辺の中心に配列される場合，…，となる（図9.1）。J.J. トムソンは，この配置に周期的な規則性を見出し，これらを基にして元素の周期性の謎解きを進めた。

　ケルヴィン卿[4]は，1897年，原子は何個かの電子とそれら電子のもつ負電荷を打ち消す正の電荷をもった広がりであるとの考えを論文誌で述べた。ケルヴィン卿は，このモデルを発展させ，球形で一様に正の電荷を帯びた空間内を電子が分布している正電荷雲モデルを1902年に提唱した。またJ.J. トムソンは，1899年の論文「低圧気体中のイオンの質量」において，電子（コーパスル）を取り除いた原子（原子イオン）の質量は，元の原子の質量と変わらないことを実験的に示し，その中で広がりをもった正電荷球の内部に電子があると論じている[5]。この後しばらくの間，原子模型は実験による解明を離れて数学的に論じられることになり，試行錯誤が繰り返された。

　レーナルトは，すべての原子が同じ要素で構成されており，ただこの要素[6]の数が異なるだけだとの考えに1895年に辿り着いていた。そして，1903年の論文「さまざまな速度の陰極線の吸収」において，原子の大きさは気体分子運動論が推定したように 10^{-10} m 程度であるが，原子を構成する要素の大きさは 10^{-13} m 程度で，原子は隙間

4　1892年に男爵となったウィリアム・トムソン（7.5節参照）は，グラスゴー大学近くを流れるケルヴィン川に因んでケルヴィン卿と呼ばれるようになった。なお，J.J. トムソンとは全くの別人である。
5　当時，原子模型を考えるにあたって，材料となる素粒子は電子のみであった（陽子の発見は1919年である）。
6　レーナルトは，この構成要素をダイナミド（dynamid）と呼んだ。ダイナミドは電気的に中性であるとしたので電子とは異なった粒子像を描いていた。

だらけであると記している。現在から見ると正しい箇所もあったのだが，支持されず，発展しなかった。

　当時支配的となった原子模型は，J.J. トムソンによる「円軌道を描くコーパスル系の磁気的性質」（1903 年）と「原子の構造について」（1904 年）の 2 つの論文[7]である。正電荷球の中で多数の電子（コーパスル）がリング状に等間隔に配置され，それらが中心のまわりを一定の角速度で軌道運動しているという原子模型である[8]（**図 9.2**）。J.J. トムソンは，この原子模型の安定性を力学的に考察し，その応用

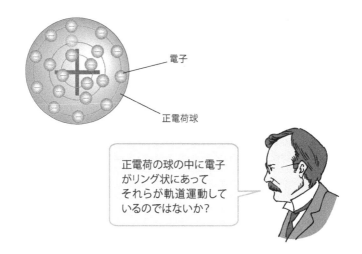

電子

正電荷球

正電荷の球の中に電子
がリング状にあって
それらが軌道運動して
いるのではないか？

図 9.2　J.J. トムソンの原子模型
球形のパンの中に干しぶどうが入っていると一般に紹介されているが，この干しぶどうは定まった軌道上を運動している。

7　物理学史研究刊行会編『物理学古典論文叢書 10　原子構造』（東海大学出版会, 1969 年）「円軌道をえがく粒子（電子）系の磁気的性質」（後藤順子訳），「原子の構造について：円の周辺に等間隔に配列された多数の粒子（corpuscles）からなる系の振動の周期と安定性の研究；その結果の原子構造論への適用」（後藤順子訳）。後者は，イェール大学での招待講演をもとにして執筆された。
8　トムソン模型は，高校の教科書などで，丸いパンの中の干しぶどうにたとえられるが，それはケルヴィン卿の原子模型であって，J.J. トムソンの模型ではない。

として放射性元素[9]の原子の構成を論じている。電磁気学によれば，正に帯電した球体内部であっても，荷電粒子である電子が加速度運動すれば電磁波を放出する。J.J.トムソンは，この点も考慮して安定性を議論しており，巧妙につくられた模型であることがわかる。またユニークな点としては，原子の化学的性質は電子の配列が決めると考えたことであろう。このアイディアは，ニールス・ボーア（Niels Henrik David Bohr，1885 ～ 1962）の原子論に受け継がれている。

9.2 長岡半太郎の原子模型

　J.J.トムソンとほぼ同じ時期の1903年12月5日，東京帝国大学教授の長岡半太郎（1865 ～ 1950）が東京数学物理学会常会において独自の原子模型を発表した。演題は「線および帯スペクトルと放射能現象を示す粒子系の運動」[10]である。長岡は，マクスウェルの土星の環の力学[11]を参考にして，質量の大きな正に帯電した粒子のまわりを

9　ウラン放射能は，X線発見の刺激を受けて，アンリ・ベクレル（Antoine Henri Becquerel, 1852 ～ 1908）によって，X線発見発表からたった2か月後の1896年2月28日，フランス科学アカデミー例会で報告された。

10　論文発表は1904年であり，物理学史研究刊行会編『物理学古典論文叢書10　原子構造』（東海大学出版会，1969年）に八木江里訳で掲載されている。また，Eri Yagi 'On Nagaoka's Saturnian Atomic Model (1903)', Japanese Studies in the History of Science, 3 (1964) 29-47 が参考になる。

11　マクスウェルは，1856年から1858年にかけて，アダムス賞の課題である土星の環について考究している。カッシーニの間隙は知られていたが，当時，土星の環がなにでできているのかわからなかった。回転する板とすると土星に近いところと遠いところとの引力差の大きさで引き裂かれてしまう。また液体とすると波の発生によって不安定となる。このため，マクスウェルは多数の小粒子からなると仮定し，その中でどのくらいの数の衛星が可能であるか計算したり，力学模型において実験したりして探った。1875年にアダムス賞を受賞している。なお，ジョヴァンニ・カッシーニ（Giovanni Domenico Cassini, 1625 ～ 1712）が土星の環の間に暗い隙間（カッシーニの間隙）を発見したのは1675年である。

電子が等間隔に軌道運動しているとした原子模型を考えた（**図9.3**）。クーロン力により各々電子は反発し合っており，これらを中心にある正電荷をもった粒子が引き付けているとした。長岡の目的は，演題にあるようにスペクトルに見られるゼーマン効果のような磁場との相互作用に関わる現象と放射能現象の説明にあり，線スペクトル，帯スペクトル，それに放射能を統一的に説明できる原子模型をつくることであった。

　長岡の原子模型は，正電荷をもつコアを中心とした円周上を運動する電子である。この模型を考えた動機は，J.J.トムソンの模型にある電子が正電荷の中を運動していることに不自然さを感じたことにある。長岡は，正電荷を物質であると捉えていたためであろう。長岡は，J.J.トムソンの模型にある正電荷の球状空間を，電子軌道の中心に位置させて，原子のコアとした。長岡は，マクスウェルの土星環の安定性の理論を基礎として，この正電荷のコアの電子の軌道を考えた。し

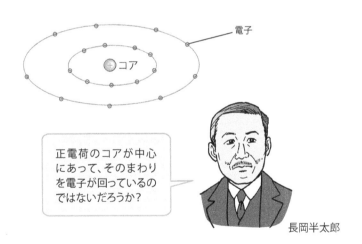

図9.3 長岡半太郎の原子模型
長岡の模型はマクスウェルの土星環の力学に基づいていることもあって土星模型と言われているが，長岡は中心核となる正電荷の半径の大きさは述べていない。全体としては太陽系の方が似ている。

かしながら，電子間には斥力がはたらくため，安定性を示すことが困難である。そこで，コアの電荷数を大きくしてその解消を試みた。長岡自身も土星型模型としたが，コアの半径は原子半径と比べてとても小さく，土星環というより太陽系とした表現の方があっている。長岡の模型は，符号の間違いも含めて，電子リングの安定性において批判された。素粒子が電子しか発見されていなかったこともあり，長岡は準安定としたが，特別な状態を選んで安定性を議論したとして批判もあった。しかしながら，明治 36 年という物理学を学び始めたばかりの日本にとって先駆的な業績であったことは間違いない。

　長岡半太郎は，慶応元年 6 月 28 日（旧暦），肥前国大村藩（長崎県大村市）に生まれた。父は大村藩士の長岡治三郎（1839～1891）の長男である。治三郎は，岩倉使節団の一員である旧大村藩主の随行として欧米を視察した当時としては稀な国際人である。半太郎は 10 歳のときに湯島小学校[12] を退学しているが，その後は順調で，17 歳で東京大学理学部[13] に入学している。

　しかしながら，長岡は理学科（教養課程）第 1 学年を 1883 年 7 月に終えた後[14]，1 年間休学している。当時，理学部学生は理学科修了後，数学科，物理学科，純正化学科，応用化学科，動物学科，植物学科，

12　明治元年（1868 年）11 月設立の沼津兵学校附属小学校を最初とし，明治 2 年 5 月に第 27 番小学校をはじめとして同年 12 月までに 64 校の小学校が開校された。東京府は，明治 3 年 6 月に 6 校の小学校を開校した。湯島小学校は，この 1 つである（他の 5 つは番町，鞆絵，常盤，明治，育英）。
13　幕府の洋学研究機関である開成所は，明治政府に接収されて官立の開成学校（1868 年 4 月）となり，その後，大学南校（1869 年 12 月），南校（1871 年 7 月），第 1 大学区第 1 番中学（1872 年 8 月），開成学校（1873 年 4 月），東京開成学校（1874 年 5 月）と目まぐるしく名称変更が行われ，1877 年 4 月に東京医学校と合併され，法学部，理学部，文学部，医学部の 4 学部からなる東京大学となった。理学部は，化学科，工学科，地質学・採鉱学科，生物学科，数学・物理学・星学科の 5 学科から構成されていた。数学・物理学・星学科は，1880 年に数学科，物理学科，星学科の 3 つに分かれた。校舎は，創立当時は医学部のみが本郷であったが，神田一橋から 1884 年に法学部と文学部が移転し，理学部は 1885 年にやっと移転した。
14　大学の学年歴は，創立当時から 1918 年まで，9 月 1 日開始，7 月 10 日終了となっていた。

図 9.4 ハイゼンベルクとディラック（P.A.M. Dirac, 1902 ~ 1984）の来日
1929 年 9 月，理化学研究所で撮影。左から仁科芳雄，片山正夫，大河内正敏，ハイゼンベルク，長岡半太郎，ディラック，本多光太郎，杉浦義勝。

星学科，地質学科，機械工学科，土木工学科，採鉱冶金学科の 11 学科のいずれかに進学することになっていた。長岡は物理に進むことは決めていたが，思うところがあって休学した。この「思うところ」は晩年の回想にある「欧米から学問を輸入し，これを日本人に普及するのは宿志ではない。研究者の群に入り，学問の一端を啓発しなければ，生まれた甲斐がない」から，東洋人でも西洋学問である物理学を構築するような独創的な研究する能力があるかどうかを自ら考え悩み，納得するために 1 年間を使ったと推察できる[15]。

　1884 年 9 月に復学し，物理学科に進級した（同級生はいないが，選科生が 1 人いた）。1886 年 1 月，東京数学物理学会[16]に入会した。

15　父・治三郎から手紙の代筆を頼まれ，その書き上げた手紙を見た父から，こんな文章はなっていない，学校を 1 年やめてみっちり漢学でも学び，人間ができてから専門に進めと言われた。半太郎は，意地になって，この 1 年を使って漢籍（荘子を中心とした思想）を学ぶことにしたのであろう。

16　現在の日本数学会と日本物理学会の前身である。両学会は，東京数学会社として 1877 年 9 月に創立し，1884 年 5 月に東京数学物理学会，1919 年 1 月に日本数学物理学会と改称された。日本数学物理学会は，1945 年 12 月 15 日の臨時総会で解散して，1946 年 4 月 28 日に日本物理学会が設立し，6 月 2 日に日本数学会が設立した。

その年 3 月に東京大学は帝国大学となり, 理学部は理科大学となった。
1887 年には, お雇い外国人教師カーギル・ノット（Cargill Knott,
1856 〜 1922）の磁歪研究を手伝った。磁歪とは, 強磁性体を磁化す
る際にわずかに歪み（変形）が生じる現象のことである。長岡は磁歪
のことを, この 2 年前にノットの講義で知った。また長岡は, ノット
と助教授の田中館愛橘（1856 〜 1952）[17] による全国の地磁気測定 [18] に
協力し, 長岡は 6 月 22 日から 9 月 3 日までの北日本測定に随行した。
長岡は, このため 1887 年 7 月 10 日の帝国大学卒業式に出席していな
い [19]。長岡は地磁気測定調査中のまま, 翌日から大学院（給費生）と
なった。

　1890 年 4 月に帝国大学理科大学助教授となり, 1893 年 1 月に理学
博士の学位を得た（学位論文として提出したのは, 磁歪の実験 4 編と
数理物理学に関する 1 編）。その年 3 月に 3 年間のドイツ留学の辞令
が出た。幕末から留学生は多く, 留学生は海外の大学あるいは大学院
で学んできていたが, 学位を得てからの留学は長岡が初めてであった。
1896 年 9 月 9 日に帰国し, 同月 28 日に理科大学教授となった。

　長岡は, 研究一筋の人であり, 情熱の人であった。さらに, 国を背
負う気持ちで物理学の研究に励んでいたことは, 彼のノートが 489 冊
も残っていることからもわかる。長岡が学生にどう接したかが, 朝永
振一郎のエッセイ [20] に書かれており, その一面が窺える。

　「輪講という必須科目がありまして, その輪講会は長岡先生が担当

17　当時の物理学科は, お雇い外国人教師のノット, 主任教授の山川健次郎（1854 〜
1931）, 助教授の田中館愛橘, 准教授の酒井佐保（1861 〜 1918）, それに地震学を専門
とした助教授の関谷清影（1855 〜 1896）の 5 人で構成されていた。
18　この測定はフォッサマグナの存在を立証するために始められたが, 地震研究に貢献し
た。
19　初期の物理学科卒業生は, 1882 年（第 1 回）田中館ら 3 名, 1883 年 1 名, 1884 年 1 名,
1885 年 2 名, 1886 年 2 名, 1887 年は長岡のみ 1 名, 1888 年 1 名, 1889 年 0 名, 1890 年 3
名, 1891 年 1 名, 1892 年 2 名と少数である。
20　「量子力学と私」, 日本物理学会編『日本の物理学史（上）』（1978 年, 東海大学出版会）。
引用文の前に, 長岡先生は「日本の物理学というものが, なんとかして本場のレベルにま
で達しなければならぬ, といつも考えておられたようです」という文がある。

者になっていて，先生が，お前，この論文を読め，というふうに割り当てたんだそうです。そして，学生がその論文を一生懸命読んで，説明すると，長岡先生はいろいろシゴかれたわけですね。…壇上に学生が立って論文を紹介する。そうすると，いつもその一番前のところに長岡先生が座って，そのうしろに他の教授陣がずらりと座って，さらにそのうしろに学生・卒業生が座っていたということです。…学生がわかったつもりで変なことをいうと，すぐに突っ込まれる。相当猛烈にシゴかれたらしい。…ところが，そのうち長岡先生があまりこられなくなって，そうしたら輪講会の活気がなくなって，つまらなくなってきた」

　このような長岡のスタイルは，学会講演でも同じであった。講演者や質問者が変なことを言うと，嘲笑的な声をあげたという。

　東京帝国大学定年（1926年）後，大阪帝国大学初代総長（1931年），文化勲章第1号（1937年），日本学術振興会初代学術部長（1933年），同会理事長（1939年），帝国学士院院長（1939年），貴族院勅撰議員（1934年）などを歴任したが，どこにいても儀式嫌いであり闊達自在のスタイルは変わることはなかった。

9.3 ガイガー−マースデンの実験

　J.J. トムソンの模型にしても，長岡の模型にしても，その正しいかどうかを判定したのはそれまでの理論であって，実験ではなかった。

　アーネスト・ラザフォード（Ernest Rutherford, 1871～1937）は，カナダ・モントリオールのマギル大学からマンチェスター大学に移籍1年後，「元素の崩壊および放射性物質の化学に関する研究」で1908年度ノーベル化学賞を受賞した。ラザフォードは，師であるJ.J. トム

ソンと同じ物理学賞受賞を願っていたが化学賞であったため「物理学者が一夜にして化学者になった」と述べた。

ラザフォードは，1906年，当時未知の粒子であったα粒子の比電荷（e/m）が水素の半分であることを示す実験を行った。実験は，J.J.トムソンが電子の比電荷を測定した実験と同じ原理で，α粒子が電場と磁場によってどう偏向されるかを調べた。ただし，電子の場合と比べ，強い電場と磁場を作用させなくてはならない。実験結果から，α粒子と水素原子の電荷が同じであるならα粒子の質量は水素原子の2倍となることがわかる。これは水素分子の質量に等しいことから，α粒子は水素分子であると推測され，また電荷が水素原子の2倍であるなら質量は4倍となることからヘリウム原子であると推測される。しかし，このままではどちらとも言えない[21]。このため，α粒子の電荷を測定する必要があった。

ラザフォードは，1907年，ドイツからの研究生ハンス・ガイガー（Hans Wilhelm Geiger，1882 〜 1945）[22]と共同で，α粒子の数を数える計数管の開発[23]を行った。1908年，この計数管を用いてα粒子の電荷を測定したところ2に近い値が得られた。ヘリウム原子である可能性は高まったが，測定データの不確かさを考慮し，実験データの解釈に慎重なラザフォードは断定しなかった。そこで，研究生のトーマス・ロイズ（Thomas Royds，1884 〜 1955）と共同で，スペクトル分析を行うため，薄いガラス（10^{-2} mm）の中でラジウムを崩壊させ，α粒子のみを通り抜けさせ，測定に十分な量になるまでα粒子を貯めた。これを放電管に入れて，スペクトルを観測することにより，ヘリウムの原子核であることを確認した。

---

21 ラザフォードは，原子が崩壊する原子から分子が出てくることに不自然さを感じ，ヘリウム原子であると予想していた。
22 ガイガーは，1907年から1912年まで，ラザフォードの助手となった。
23 これが，ガイガーが弟子のヴァルター・ミュラー（Walther Muller，1905 〜 1979）と共同で製作することになるガイガー・ミューラー・カウンターに発展する。

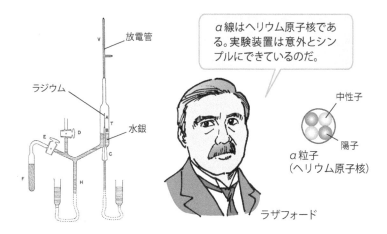

図 9.5 α粒子がヘリウムの原子核であることを確定した装置

ラザフォード–ロイズの論文[24]にある図である。

ガラス製の装置である。管内の体積の調整を水銀（斜線部）で行う。管Aの中にラジウムを入れる。Aの厚さを1/100 mm以下に薄くしてあり，ラジウムから放出されたα粒子はAの外に放出される。Aの外にでたα粒子は厚いガラスでつくられた管Tの中に留まる。T内にα粒子をある程度ためた後，ゴム管につながれた水銀槽で調整して，α粒子を放電管Vに追い込み，放電管Vからの光のスペクトルを分析する。

　α粒子の実体を解明したラザフォードは，α粒子の散乱現象に興味を移した。α粒子の散乱現象を調べたいと思ったのは，α粒子の比電荷測定，それにガイガーとのα粒子の計数管製作のときからである。これらの実験結果から高速のα粒子が弾き飛ばされることに気づいていたが，このような現象が起こることに確信がもてなかった。2人には，この不思議な現象を解明する必要があった。

　ガイガーは，この考えを具現化するために，アルミニウム，銀，金，白金などの金属箔にα粒子を通過させる実験を行った。予想の通り，ほとんどのα粒子が金属箔を通過してそのまま直進したが，ほんの

24　E. Rutherford and T. Royds: "The Nature of the α Particles from Radioactive Substances", Phil. Mag. 17-6 (1909) 281-286.

わずかだが軌道を曲げられた α 粒子があった。高速の α 粒子が薄い金属箔によって少数だが散乱したことをラザフォードに報告したところ，金属箔により直接散乱される α 粒子を測定するように指示された。ラザフォードは，派遣学生アーネスト・マースデン（Ernest Marsden, 1889 ～ 1970）をこの実験[25]の協力者とするように依頼した。この提案により，α 粒子を金属箔に照射し，反射された α 粒子の数を測定する実験となった。α 粒子を金属箔に照射し，反射された α 粒子の数を測定する実験である（実験概念図は**図 9.6**）。図を見てわかるように，90 度以上の大角度散乱された α 粒子の測定なので，当時の常識からすると，測定にかからないことを確認するための実験であった。しか

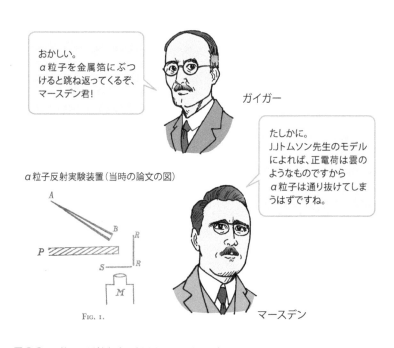

図 9.6 α 粒子の反射実験概念図それにガイガーとマースデン
B は α 粒子の入射口，S は感光板でここを通過した α 粒子を顕微鏡 M で計数し，P は鉛板で直接 S に入らないように遮蔽し，R は金属箔である。

しながら，α粒子のほとんどは金属箔を通り抜けているが，2万分の1とわずかな割合であるが90度という大角度散乱が起きていることが示された。この大角度散乱の起こる頻度は，アルミニウムのような軽い原子より金のような重い原子の方が高い。この大角度散乱についてラザフォードは，薄い紙にめがけて砲弾を撃ち込んでみたら，跳ね返されてくる弾があったようだと大いに驚いた[26]。高速で運動しているα粒子をこれだけ大きく曲げるには，磁場であるなら当時では実現できない大きさが必要であったためでもある。ガイガーとマースデンは，この驚きの実験結果を得たことを論文「α粒子の散乱反射」[27]とした。それは1909年5月19日に受理された。

9.4　ラザフォードの原子模型

　ガイガー–マースデンの実験結果をどう解釈するかが問題であった。ガイガーは，「大角度散乱の意味することが理解できなかった」と述べており，如何に難問であったか窺える（**図9.7**）。金属箔による反射と捉えず，金属箔を構成している金属原子に着目しなければ理解することはできない。ラザフォードは，まず，α粒子が大きく曲げられたのは，金属箔の中の1つの原子との散乱により曲げられたのか，それとも多くの原子の複数回の散乱により曲げられたのかを検討した。

25　この実験は，ニュージーランド出身の若手マースデンに放射線技術を身に付けてもらうためでもあった。
26　α粒子のエネルギーは数 MeV ととても高く，金箔の厚さは 6×10^{-7} m と非常に薄かったことによる。
27　H. Geiger and E. Marsden; "On a Diffuse Reflection of the α-Particles" Proc. Roy. Soc. (1909) 495-500. 物理学史研究刊行会編『物理学古典論文叢書 9　原子模型』（東海大学出版会，1970 年）に「α粒子の拡散散乱について」（辻哲夫訳）収録されている。

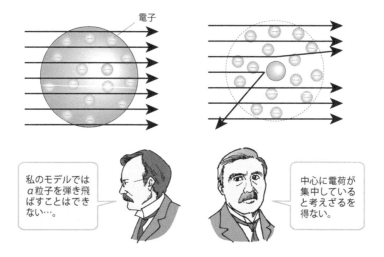

図 9.7 トムソン模型（左）では，大角度散乱は説明できない

単一原子の散乱により起きたのであれば散乱頻度は金属箔の厚さ d に比例するが，複数の原子による散乱（多重散乱）であるなら $\sqrt{d}$ に比例する。ガイガー–マースデンの実験結果を解析すると，散乱頻度は d に比例していることを示していた。この実験結果から，単一散乱であると結論した。またウィリアム・ブラッグ（William Henry Bragg，1862 ～ 1942）による α 粒子に対する金属の阻止能の測定結果より，中心電荷は原子量のほぼ半分であること，それに中心電荷の半径は原子の半径の 10^{-4} あるいは 10^{-5} 程度であると推測していた。1910 年 12 月下旬のことである。ラザフォードは，1911 年 2 月にこれらの結果を口頭で報告した後，論文「物質による α 粒子と β 粒子の散乱と原子の構造」[28] を発表した。

この論文は，一般に，原子核の発見を意味する論文とされている。

28　Ernest Rutherford: "The Scattering of α and β particles by Matter and the Structure of the Atom" Phil. Mag. 21-6 (1911) 669-688. 物理学史研究刊行会編『物理学古典論文叢書 9　原子模型』（東海大学出版会，1970 年）に辻哲夫訳で収録されている。

しかしながら，陽子発見前[29]であったため，中心電荷が何からでき
ているのかはわからなかったこともあり，コアの電荷が正であるか負
であるかは問うていない。この論文では，①単一散乱よる結果である
こと，②原子の構造は，中心に点のように電荷が集中し，反対の電荷
をもった粒子が中心から遠く離れたところに分布していること，加え
て③α粒子の入射速度をv，散乱角をθとすると，散乱の角分布は
$v^4\sin^4(\theta/2)$に反比例している[30]ことを実験結果に基づいて説明して
いる。②は，J.J.トムソンの考えたように原子内部での正の電荷は原
子全体に分布しているのではなく，その中心に集中していることを示
した。しかし，原子核の存在を意味していると解釈されため原子核発
見の論文と現在では理解されているが，ラザフォードは，この論文で
は，原子核というという言葉は使っておらず，中心電荷と記してい
る[31]。とはいうものの，ガイガー–マースデンの実験と共にこの論文
の偉大なところは，散乱実験がミクロな世界を垣間見る方法であるこ
とを示したことである。

　原子の質量のほとんどを占める極微なコア（中心電荷）を中心に据
え，ほとんど何もない広い空間を電子が分布しているという原子の姿
は，当時，奇抜かつ奇妙な模型であると捉えられた。東京にある山手
線1周の長さは34.5 kmで，円で近似すると半径は約5.5 km，野球
のボールの半径は約3.6 cm，これらの比は約1.5×10^{-5}である。原子
とコアの大きさは，山手線とその中央（四ッ谷駅付近）に置かれた野
球のボールと比喩できる。四ッ谷駅に置いた野球のボールをコアにす

29　陽子は，1918年，ラザフォードによって発見され，ギリシア語の最初を意味する
protosからprotonと命名された。
30　このことは，散乱の量がα粒子の速度の4乗に反比例することとともに，Geiger and
Marsden;"The Lows of Deflexion of αParticles through Large Angles" Phil. Mag. 25-4
(1913) 604-623で実験的に確かめられた。またこの論文では，中心にある電荷が原子量の
半分であることも述べている。
31　E. Rutherford:"The Structure of the Atom" Phil. Mag. 27-6 (1914) 488-498には，原
子核と明確に記している。

ると電子は山手線あたりに分布しており，その間は空っぽとなる。

　しかしながら，電子がコアのまわりを軌道運動とするなら，長岡模型のように，それらは電磁気学によると電磁波を放出することになるので原子は不安定になってしまう。

　ラザフォードは，上記のガイガー–マースデンの実験結果の考察の他にも，α 線と β 線の分離（および命名），ウランから α 線と β 線の2種類の放射線が出ていることを発見した。さらに，陽子の発見，放射性元素の自然崩壊説，放射線による年代測定法，放射性元素崩壊系列の同定など多くの業績があり，真に，物理学の英雄の時代を創り上げた人である。ラザフォードは，当時，「あなたはいつも波頭にいますね」と言われたとき「そうです。私はいつも，波をつくってきました」と答えた。彼の実験には，シンプルにもかかわらず深さがあり，結論があり，科学のもつ美がある[32]。ラザフォードは，大男で，誰と比べても3倍は大きな声で，太っ腹で，自信家で，師である J.J. トム

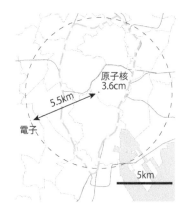

図 9.8　原子の内部

32　R.P. クリース（青木薫訳）『世界でもっとも美しい10の科学実験』（日経 BP 社，2006年）に，美しい実験には，深いこと，効率的であること，決定的であることの3つの要素が満たされているとある。

ソンとはまったく対照的である。共通点は親切であることだけかもしれない。

　ラザフォードは，ニュージーランドの南島にある都市ネルソンから南西に 20 km 離れたスプリンググローブ（現在のブライトウォーター）で生まれた。父は，亜麻農家を営んでいた。12 人兄弟（男子 7 名，女子 5 名）の第 4 子である。奨学金を得て，15 歳でネルソン・カレッジ，18 歳でカンタベリーにあるユニバーシティ・カレッジに入り，23 歳で修士号を得た。イギリス本土による万国博覧会記念奨学金に応募[33]し，1895 年秋，J.J. トムソンのもとでキャヴェンディッシュ研究所の研究生となった。J.J. トムソンは常に親切であったが，ラザフォードが大声で強い訛りがあったためか，研究所のメンバーに相手にされず，孤独の日々を過ごした。しかし猛烈に研究に励んでいることが目に留まり，数か月後には研究所の仲間として認められた。

　1898 年 9 月，カナダ・モントリオールにあるマギル大学教授となった。マギル大学では，化学助手のフレデリック・ソディ（Frederick Soddy, 1877 ～ 1956）と共に，トリウム原子が崩壊しながら別の原子に変わる現象を調べた。1903 年，トリウム X（ラジウムのアイソトープ，当時はこう呼んでいた）の放射能強度が同じ割合で減衰し，トリウムは同じ割合で回復していくことを解明し，放射性元素変換説を提唱した。

　ラザフォードは，36 歳のときにマンチェスター大学物理学教授となり，ガイガーとの共同研究で，前述した研究を行った。1910 年秋，ヘンリー・モーズリー（Henry Gwyn Jeffreys Moseley, 1887 ～ 1915）が実験助手となった。モーズリーは，ラザフォードの下で，特性 X 線[34]の波長測定を行い，特性 X 線の振動数と核の電荷数（後の原子番号）との簡単な関係があることを見出した（モーズリーの法則）[35]。

33　次点であったが，選ばれたマクローリンが結婚のため辞退したため，奨学生となった。
34　固有 X 線ともいう。また，波長が連続的に分布している X 線を連続 X 線という。

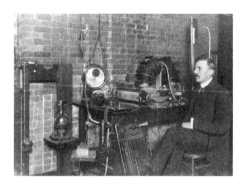

図 9.9 マギル大学研究室でのラザフォード（1905 年）と男爵紋章（1931 年）
紋章に，放射線曲線，左に錬金術の神，右にニュージーランド先住民マオリ族，それにニュージーランドの国鳥キーウィがいる。銘文として原物質を探せと書かれている。

特性 X 線とは，原子に高振動数の電磁波をあてると放出される X 線のことである。これは電磁波が内側の電子（内殻電子）をたたき出して，その空席に外側の電子（外殻電子）が落ち，そのエネルギー差が X 線として放出されるものである。偉才であったモーズリーは，第 1 次世界大戦で陸軍に志願して，残念ながら，ガリポリの戦いで 1915 年 8 月 10 日に戦死した。

　ラザフォードは，J.J. トムソンの後任として，1920 年にキャヴェンディッシュ研究所所長（4 代目[36]）となった。水素原子の核を陽子（proton）と命名したのは，その直後である。彼は，多くの弟子を育て，そのうち 9 人がノーベル物理学賞，3 人がノーベル化学賞を受賞している。単純で荒削りであるが具体的な発想と納得いくまでの追求が功を奏したのであろう。

35　モーズリーの共同研究者は，進化論のダーウィンの孫であるチャールズ・ガルトン・ダーウィンであった。
36　初代はマクスウェル，2 代はレイリー，3 代は J.J. トムソンである。

第 **10** 章

原子の量子論

原子の解明から
量子力学への道が
ひらかれたのです。

ボーア

水素原子のスペクトル

　ドイツのハイデルベルク大学のグスタフ・キルヒホッフ（Gustav Robert Kirchhoff, 1824 ~ 1887）[1]とロベルト・ブンゼン（Robert Wilhelm Bunsen, 1811 ~ 1899）[2]は，共同で新しい化学元素の分析法を開発した。

　これは，ブンゼンがバーナーを改良したことから始まった。当時のバーナーはノズルからガスを吹き出させ，それを周囲の空気（酸素）を使って燃焼させる手法（拡散燃焼法）であったが，不完全燃焼でススが多く生じ，赤色の低温の炎であった。ブンゼンは，土台近くのガスの通り道を囲む箇所に空気の流量を調整できる装置を付け，そこからベンチュリ効果[3]により空気が継続的に入るように工夫した。これにより，空気（酸素）が有効的に供給されるため不完全燃焼はなくなり，燃焼温度が上がった。

　キルヒホッフはブンゼンとともに，このバーナーによる高温で白色の炎を利用して，種々の化合物の炎色[4]を調べた。その際，物質を構成している元素に応じて炎の色が異なることに気づき，また生じた光をプリズムに通すと何本かの輝線に分かれて観察できることを発見した。そしてキルヒホッフは，白熱状態に加熱された物質の元素が，そ

1　キルヒホッフは，オームの法則を一般化したキルヒホッフの法則の発見（1849年）でも知られている。彼は，このとき25歳であった（1845年で20歳であったという説もある）。
2　ブンゼンは，ガス燃焼装置であるブンゼンバーナーの発明（1855年）で知られているが，この原理でバーナーを考案したのはデーヴィで，製作したのはファラデーである。ブンゼンはファラデーのバーナーをより機能的にはたらくよう改良した。ブンゼンがハイデルベルク大学化学教授となったのは1852年，キルヒホッフがブレスラウ大学からハイデルベルク大学物理学教授となったのは1854年である。
3　流体のある管の径の一部を小さくするとその断面積に応じて流速は速くなり，圧力は減少する。これをベンチュリ管という。
4　金属化合物の種類や燃焼温度を変えることにより多様な色彩が得られる。花火は，この炎色反応を利用している。

私の開発したバーナーで
物質を燃やすと
元素によって炎の色が異
なることがわかった。

ブンゼン

その色を分解してみると
元素はいくつかの固有の
光を発していることがわ
かりました。

キルヒホッフ

図 10.1 キルヒホッフとブンゼン
2 人が用いた実験装置。ブンゼンバーナー A で B に付けた試料を白熱させ，発生した光を
プリズム C で分光して D で観測する。

の元素固有の輝線を出していることを確認した。このことは，輝線ス
ペクトル[5] は元素の指紋の役割を果たすことを示すことにほかならな
い。元素はそれぞれ固有のスペクトルをもつことを原理として，彼ら
は多くの結晶のスペクトル分析を試み，1860 年 5 月にセシウム[6]，1861
年にルビジウム[7] を発見した。

　なお，キルヒホッフとブンゼンが用いたプリズム分光は，ジョセフ・
フラウンホーファー（Joseph von Fraunhofer，1787 ～ 1826)[8] が開発
した方法と原理は同じである。フラウンホーファーは，1814 年，太

5　白色光をプリズムにあてるといろいろな色の光に分かれる。これは，光の波長ごとに
屈折率が異なるため，波長により異なった角度で曲がることによる。これを光の分散とい
い，波長ごとに分かれた光の色の模様を光のスペクトルという。
6　スペクトル線の中で最も明るい線が灰青色であることより，灰青色を意味するファン
語から命名した。
7　注目したスペクトル線の色が赤であったので，暗赤を意味するラテン語から命名した。

陽スペクトルの中に暗線があることを発見[9]した。さらに，太陽光をプリズムで分光し，そこに 600 本ほどの暗線を観測するなどしてスペクトル分析の礎を築いた。

　キルヒホッフとブンゼンによって，スペクトル分析の基礎が確立し，多くの研究者に使われるようになった。1885 年，スイス・バーゼルにある高等女学校の教師であるヨハン・バルマー（Johann Jakob Balmer，1825 ～ 1898）が，水素原子のスペクトル線の実験式を発表した。バルマーは，スウェーデンの天文学者アンデルス・オングストローム（Anders Jonas Ångström，1814 ～ 1874）が得た水素原子スペクトルの可視部に見られる 4 本のスペクトル線の波長データから実験式を得た。4 本のスペクトル線の波長データとは，赤色の 656.3 nm，青色の 486.1 nm，藍色の 434.1 nm，すみれ色の 410.2 nm のことである（**図 10.2**）。

　これらの波長を 4 桁の数字で表すと，6563，4861，4341，4102 である。バルマーは，これら 4 つの数に規則性があることに気が付いた。これらを 3646 で割ると，1.800，1.333，1.191，1.125 となる。これらを分数で表すと，

$$\frac{9}{5}, \ \frac{4}{3}, \ \frac{25}{21}, \ \frac{9}{8}$$

となる。これら分数を

$$\frac{9}{5}, \ \frac{16}{12}, \ \frac{25}{21}, \ \frac{36}{32}$$

とすると，

8　フラウンホーファーは，ガラス職人の 11 子として生まれ，ミュンヘンの科学機器製作会社に勤務して光学ガラス製造技術を身に付けた。精度のよいプリズム，色消しレンズなどを製作した。
9　イギリスのウィリアム・ウォラストン（William Hyde Wollaston，1766 ～ 1828）は，1802 年に太陽スペクトルの中にある暗い線を発見していたが，その重要性を理解していないばかりか，探求が浅かったこともあって注目されず忘れられていた。

水素原子のスペクトル

水素が発する光の波長の数値には法則性がある。

バルマー

このことはすべての元素について一般化できます。

リュードベリ

図 10.2 バルマーとリュードベリ

$$\frac{3^2}{3^2 - 4}, \ \frac{4^2}{4^2 - 4}, \ \frac{5^2}{5^2 - 4}, \ \frac{6^2}{6^2 - 4}$$

と表せる。これより，4つの波長は，

$$\lambda = \frac{n^2}{n^2 - 4} \lambda_0$$

と1つの式で表現できる。ただし，$\lambda_0 = 364.6$ nm，$n = 3$，4，5，6である。

　このバルマーの式は明確に規則を示しており，水素原子には簡単な規則があることを示唆してくれた[10]。バルマーの式が発表されてから，多くの研究者が水素原子以外の原子を族[11]ごとに分けて分類し，その

分類ごとに線スペクトルの規則性が調べられた（1888 〜 1892 年）。スウェーデン分光学者のヨハネス・リュードベリ（Johannes Robert Rydberg, 1854 〜 1919）が，1890 年，これらをまとめバルマーの式を一般化した。

波長で表示されていたバルマーの式を波数で表示するため逆数をとって，

$$\frac{1}{\lambda} = \frac{1}{\lambda_0}\left(1 - \frac{4}{n^2}\right) = R_\infty\left(\frac{1}{2^2} - \frac{1}{n^2}\right)$$

と表す。R_∞ はリュードベリ定数といい，現在では 10973731.568106 m^{-1} と高い精度で求められている。すべての原子スペクトルを表現するには，波長より波長の逆数で表示した方が明確になる。これは，リュードベリの貢献である。紫外部，可視光部，近赤外部，赤外部，遠赤外部など多くの波長領域で調べたところ，

$$\frac{1}{\lambda} = R_\infty\left(\frac{1}{m^2} - \frac{1}{n^2}\right)$$

と記述できる（ただし，$n = m + 1, \ m + 2, \ m + 3, \ m + 4, \ \cdots$）。

研究者の名を冠して，$m = 1$（紫外部）をライマン系列，$m = 2$（可視光部）をバルマー系列，$m = 3$（近赤外部）をパッシェン系列，$m = 4$（赤外部）をブラケット系列，$m = 5$（遠赤外部）をプント系列，$m = 6$（遠赤外部）をハンフリース系列という[12]。

10　バルマーが行ったのは，結局のところ，4 つの 4 桁の数字をまとめ，1 つの式を得ただけである。バルマーは，サイクロイド曲線に関する研究で 1849 年にバーゼル大学で学位を取得している。数列のセンスがあったのだろう。

11　周期表の 1 族から Na，K，Rb，Cs，2 族から Mg，Ca，Sr，Ba などと分けて規則性を論じた。

12　ライマン（Theodore Lyman, 1874 〜 1954）の発見は 1906 年，パッシェン（Louis Carl Heinrich Friedrich Paschen, 1865 〜 1947）の発見は 1908 年，ブラケット（Patric Maynard Stuart Blackett, 1897 〜 1974）の発見は 1922 年，プント（August Herman Pfund, 1879 〜 1949）の発見は 1924 年，ハンフリース（Curtis J. Humphreys, 1898 〜 1986）の発見は 1953 年，すべてボーアの原子理論以後である。

　1911 年 9 月末，コペンハーゲン大学に論文「金属電子論の研究」を提出して学位取得を終えたボーアは，奨学金を得て，キャヴェンディッシュ研究所の J.J. トムソンのもとに留学し，ケンブリッジ大学上級研究生として 1 年間過ごした。しかし，多忙であった J.J. トムソンにほとんど相手にしてもらえなかった。悩んだ末，父[13]の知り合いに仲立ちとなってもらい，1912 年春からマンチェスター大学のラザフォードのもとで研究することができるようになった。

　ボーアは，発表して間もないラザフォードの原子模型に興味をもった。ラザフォード模型は，現在から見れば，デモクリトス以来の物質観に変革をもたらしたといえるが，発表当時（1911 年）はいたって静かで，ラザフォードの師であり対立する原子模型の提唱者である J.J. トムソンですら話題にしていなかった。ラザフォードの原子模型の重要性に気づいたのは，ボーアであった。彼はこの模型が，コアに起因する放射能現象と電子に起因する化学現象に分けて考えることができるはずだと考え，そこに魅力を感じた。またボーアは，ラザフォード模型は電磁気学からすると不安定であるが，プランクの量子の考えを取り入れれば安定性が説明できるのではないかと考えていた。マックス・プランク（Karl Ernst Ludwig Planck, 1858 ～ 1947）は，1900 年 12 月，熱放射スペクトルを説明する理論式を導出し，エネルギーの不連続性を示す量子仮説[14]を提唱し，量子論への道を開いた。

13　父クリスチャン・ボーア（Christian Harald Lauritz Peter Emil Bohr, 1855 ～ 1911）はコペンハーゲン大学実験生理学教授で学長を務めたこともある。人望があり，多くの人に慕われていた。1920 年度ノーベル生理医学賞受賞したアウグスト・クローグ（August Krogh, 1874 ～ 1949）など多くの弟子がいる。また，母は裕福で有力な銀行家の娘である。
14　熱放射のエネルギーは，その振動数とプランク定数の積の自然数倍に限られるという仮説。

ボーアは，1912年7月下旬にコペンハーゲン大学に戻り，ラザフォード模型の研究を進め，1913年2月初旬には結論を得ることができた。論文「原子および分子の構造について」[15] をまとめ，ラザフォード[16] に閲読を依頼した後，4月初旬，第1部の最終稿を *Philosophical Magazine* に投稿して7月号に掲載された。第2部は9月号，第3部は11月号に掲載された。

　この第1部論文には「原子には正電荷を帯びた原子核があり，その原子核の引力によって引き付けられている複数の電子がそのまわりをとりまいている」と記し，明確に"原子核"と述べ，その電荷も正としている[17]。この論文では，中心に正の電荷をもった質量の大きな原

図10.3　ラザフォードとボーア

15　物理学史研究刊行会編『物理学古典論文叢書10　原子構造』（東海大学出版会，1969年）に収録されている（後藤鉄男訳）。
16　ラザフォードは，定常状態と定常状態間遷移には問題があること，それに論文が長すぎることを指摘していた。

子核があって，そのまわりに負の電荷をもった質量の小さな電子が群がっている原子をラザフォード原子模型としている。原子核と電子の間には静電引力がはたらいているので，電子は核のまわりを軌道運動をすることになる。これは，力は異なるが，太陽系に似ている。そうであるなら，電子の軌道は初期条件によって決まるので，原子の大きさを決めることはできない。しかし，分子運動論，原子スペクトルなどから，原子はその種類ごとに大きさが異なっていることはわかっていた。また，電子は負の電荷をもった粒子であるので，それが加速度運動すれば，電磁気学によると，必ず電磁波を放出してエネルギーを失う。エネルギーを失った電子は，原子核に落ち込んでしまうことに

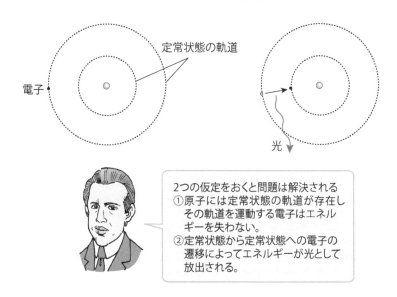

図 **10.4**　原子内の定常状態と定常状態間遷移

17　このため，原子核の発見はボーアであるとする科学史家がいる。ラザフォードとボーアの論文を合わせた原子模型をラザフォード・ボーア模型という。原子核の存在は述べたが，陽子が発見されていないこともあって，原子核が何からできているかは述べていない（陽子の発見は 1918 年である）。

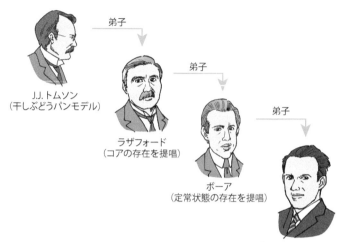

図 10.5　ボーアとヴェルナー・ハイゼンベルク（Werner Karl Heisenberg, 1901 〜 1976）ハイゼンベルクは，1927 年に行列力学，不確定性原理を提唱した。彼はボーアの弟子であり，強力な共同研究者としてコペンハーゲン解釈を打ち立てた。ボーアの研究室運営はラザフォードの影響を，ラザフォードは J.J. トムソンの優しさを受け継いでいる。

なり，原子は安定ではなくなってしまう。このように，ラザフォード原子模型には大きな難点があった。

　ボーアは，このラザフォード模型の力学的安定性の問題を解決するには，これまでの理論に頼ることはできないと考えた。ボーアには金属電子論の研究過程において，これまでの物理理論（古典論という）では原子や分子を記述できないという認識をもっていた。ボーアは，原子模型を論じるために，①定常状態の存在，②定常状態間遷移の2つの仮定をしている。ボーアは，この2つの仮定から理論を構築し，これまで実験値でしかなかった定数に意味をもたせたばかりか，経験式であるバルマーの式（あるいはリュードベリの式）に物理的意味をつけた。これは大変重要な結果である。

　ボーアは，定常状態，定常状態間遷移，量子条件という物理的意味が明確でない概念を提案したが，「定常状態では放射しないというこ

れまでの理論に矛盾するが，これは実験事実を端的に述べたに過ぎないのだから，受け入れざるを得ない」と問題はあるものの多くの研究者から評価された。一方で，これまでの物理学を無視した勝手な論理であることに対する批判も多かった。ライデン大学のポール・エーレンフェスト（Paul Ehrenfest，1880 ～ 1933）は「これを理論物理とするなら，私は物理をやめる」とさえ述べた。とびとびの定常状態，基底状態の安定性，定常状態間遷移[18]など，これまで基本とされていた物理法則を破ったことに対する抵抗は大きかった。

10.3 フランク–ヘルツの実験

　ボーアの理論は，原子を定量的に論じて多くのことを明確にしたが，定常状態というこれまでの物理学では説明できない概念を導入した。この定常状態と概念の存在に疑問がもたれていた。定常状態の存在を実験的に証明したのが，フレデリック大学のジェームズ・フランク（James Franck，1882 ～ 1964）とマルティン・ルター大学のグスタフ・ヘルツ（Gustav Ludwig Hertz，1887 ～ 1975）[19]が1913年から1914年にかけて行った実験である。

　フランクとヘルツは，水銀のイオン化エネルギーを測定するため，遅い電子と水銀との衝突実験を行った（**図 10.6**）。フィラメントから放出された電子を，等電位に設定した2枚のグリッド G_1 と G_2 によ

18　エネルギー E_n の定常状態からエネルギー E_m の定常状態の遷移を $E_n - E_m = h\nu$ とすることは，エネルギー保存の法則を満たしているが，電磁波 $h\nu$ の ν はいつ決まったのかが問題である。E_n の定常状態にあった電子は行き先である E_m の定常状態を前もってわかっていたと考えられるため，物理学の基本原理である因果律に反しているという疑問である。
19　マクスウェルが理論的に予言した電磁波の存在を実験的に証明したハインリッヒ・ヘルツ（Heinrich Hertz，1857 ～ 1894）の甥である。

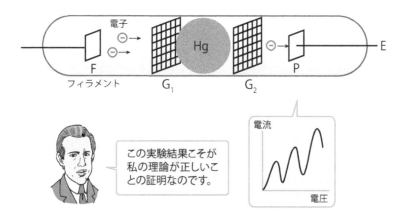

図10.6 フランク−ヘルツの実験概念図

り一定速度にして，G_1 と G_2 の間に満たされた水銀蒸気の中に入射し，水銀原子 Hg に衝突させる。F と G_1 の間にかけた加速電圧を変化させることによるプレート P につなげた検出器 E で電流を測定する。

　加速電圧を上げて電子のエネルギーを大きくしていくと P での電流は増えていくが，ある限度を超えると減っていく。これは，電子の入射エネルギーがある限界までは水銀原子と弾性衝突[20] をし，その限界を超えたところから非弾性衝突したことによる。ある限界を超えたエネルギーをもった電子は，水銀原子と衝突すると，水銀原子を励起させてエネルギーを失ってしまい P に達することができなくなる。水銀原子が受け取るエネルギー量は，次の定常状態までのエネルギー差である。これは，原子にとびとびの値をもった定常状態が存在することを実験的に証明したことになる。

　ボーアが仮定した定常状態は，多くの問題を抱えているにもかかわらず，その存在が実験的に証明された。このことが，疑問は残ったま

20　電子と原子との衝突の前後で，原子の内部エネルギーに変化がなく，運動エネルギーが保存される場合を弾性衝突という。そうでない場合を非弾性衝突という。

まであっても，ボーア理論の信頼を高めることになった。

　なおフランクとヘルツは，この実験結果を 1914 年にドイツの論文
誌に掲載したが，この実験が定常状態の存在を示したことに気づいて
はいなかった。彼らは，目的通り，電子が水銀原子との衝突によりエ
ネルギーを失い，それは水銀原子のイオン化エネルギーに対応し，お
よそ 4.9 V であると述べたのみであった。フランクとヘルツがボーア
の論文を読んでいなかったためである。フランクとヘルツの実験が定
常状態の存在を証明したことに気づいたのはボーアである。フランク
とヘルツは，1919 年，スペクトル測定などを加えた再実験を行い，
水銀原子のイオン化ではなく定常状態の存在によることを確認し，論
文「遅い電子の気体分子との非弾性衝突におけるスペクトル測定によ
るボーア理論の確認」をドイツの論文誌に掲載した[21]。

10.4　パウリ原理と元素の周期律

　ボーア論文が発表された 1913 年の正月，オランダのヴァン・デン・
ブルーク（Antonius van den Broek, 1870 ～ 1926）の論文「放射性
元素，周期系，および原子の構成」[22] が発表された。陽子も，中性子
も発見されていないこの時期に，ブルークは，この論文で，原子番号
という各原子に順序づけの数を提案した。ガイガーとマースデンは原
子量の半分の値を中心電荷の数とすることを提案していたが，ブルー
クはモーズリーの導入した整数[23] は原子番号を示しており，それは
核内の正電荷の数から核内の電子の数を引いた数であるとの仮説を出

21　J. Franck, G. Hertz. Phys. Zeits. 26 (1919) 132-143.
22　Van den Broek: Phys. Zeits.,14 (1913) 32-41. 物理学史研究刊行会編『物理学古典論文
叢書 9　原子模型』（東海大学出版会，1970 年）に収録されている（広重徹訳）。

した。彼は法学を学んだ市井の人であるが，この考えは受け入れられて翌年（1914年）には「原子核の電荷は原子番号に等しい」として知られるようになった。

さて，ボーア理論によると，原子のイオン化エネルギーは原子番号の2乗に比例するため，元素の周期性をまったく説明できていない。

1925年，コハンブルク大学のウォルフガング・パウリ（Wolfgang Ernst Pauli，1900 ~ 1958）は，原子内の電子の殻構造の分析から量子論における基本原理である「量子数の同じ状態に，2個の電子は入れない」ことを提唱した。これをパウリ原理[24]という。

原子内の電子配置は，主量子数n，方位量子数l，磁気量子数m，スピン量子数sで決まる。原子内の電子の住所（町，丁目，番地，号）のようなものである。しかし，配置を決めても，エネルギーの低いところに電子は遷移してしまう。パウリ原理を用いると，原子内の電子をエネルギーの低い順序で配置できることになる。ボーア理論のみ，パウリ原理なしでは，元素の周期表および原子構造を説明することは

原子の中の電子どうしは同じ状態をとることができないのだ。
これを排他原理という。

パウリ

図 10.7 ウォルフガング・パウリ

---

23 9章でモーズリーが，1913年に原子核の電荷と特性X線の振動数との間に関係があることを発見した（モーズリーの法則）ことに簡単に述べた。モーズリーはボーアの原子理論を用いて，この法則の説明を試みている。

24 1つの電子が占有すると他の電子を排他するためパウリの排他原理，あるいはパウリの禁制律とも呼ばれた。

できない。

パウリは[25]，ミュンヘン大学のゾンマーフェルトのところで学位を取得（21歳），ゾンマーフェルトの依頼で相対性理論の記事を執筆した。これが出版され，彼の最初の本となった。パウリ行列，パウリ方程式，パウリ・スピノールなど彼の名を冠した多くの物理用語が多くある。

10.5 量子力学の誕生

アインシュタインは，1905年に光が粒子であるとする光量子仮説[26]を提唱した後，量子論を光だけでなく固体内の原子に適用した。それまで固体の比熱を説明していたデュロン–プティの法則[27]は，常温での実験から得られた法則である。低温での実験ができるようになり，低温での実験値とこの法則からの理論値とのずれが顕著になっていた。アインシュタインは，1907年，固体内の原子を振動子とみなして比熱の温度依存性を示す式を導出し，デュロン–プティの法則からのずれを説明した[28]ばかりか，より一般的な理論を構築したことになる。

ルイ・ド・ブロイ（Duc Louis Victor de Broglie，1892 ～ 1987）は，

25　実験が不得手なパウリは，実験装置を何度となく壊したことがある。それが伝わり，パウリが実験装置の近くにいるだけで装置が壊れるという話が広がった。これはパウリ効果として知られるようになった。ある実験室の装置が壊れたとき，数キロ離れた線路上を通過した電車にパウリが乗っていたに違いないとまで言われた。

26　アインシュタインは，1905年3月に光量子論の論文，4月に分子の大きさの決定法，5月にブラウン運動の理論，6月に特殊相対性理論，9月に $E = mc^2$ を導出した論文を提出した。あまりに偉大な業績なので，この年を奇跡の年という。彼は，当時，ベルンにある特許局の職員であった。

27　1819年にデュロン（Pierre Louis Dulong，1785 ～ 1838）とプティ（Alexis Therese Petit，1791 ～ 1820）の共同での実験により得た法則（$C_v = 3R$：R は気体定数）。

1924 年，波であるとされていた光が粒子の性質をもつならば，粒子とされている電子にも波の性質があると仮定して，ボーアの量子条件の導出を行った。ド・ブロイは，この論文を学位論文としてパリ大学に提出した。審査員の一人であるポール・ランジュバン（Paul Langevin, 1872 ～ 1946）がアインシュタインに意見を求めた。アインシュタインからこれまでの物質観に新風を吹き込む画期的な論文であるとの返答があり，審査委員会は学位授与を決めた。このド・ブロイの論文は，物質波という新しい概念を導入し，これまでの粒子力学を波動力学へと発展させた。

図 10.8 アインシュタインとルイ・ド・ブロイ

---

28 アインシュタイン「輻射に関する Planck の理論と比熱の理論」（高田誠二訳）として，物理学史研究刊行会編『物理学古典論文集 2 光量子論』（東海大学出版会，1969 年）に収録されている。

電子を波と考えることにより，説明不十分であったボーアの定常状態の解釈が可能となった[29]。ド・ブロイによる電子の波動性は，デビッソン–ガーマーの実験[30]（1927 年）と J.J. トムソンの息子 G.P. トムソン（George Paget Thomson, 1892 ～ 1975）による電子回折の実験（1927年）において検証された[31]。この検証後すぐに，ド・ブロイは「電子の波動性の発見」において 1929 年度ノーベル物理学賞を受賞した。

　ルイ・ド・ブロイは，フランスの貴族ド・ブロイ家第 6 代モーリス公爵（Louis Cesar Victor Maurice 6^e-duc de Broglie, 1875 ～ 1960）の 17 歳下の弟である。モーリスは X 線回折および分光学の実験物理学者で，歴史学や文学に関心があったルイは兄の影響で物理学を専攻することになった（兄の敷地内実験所に出入りしていた）。兄が亡くなった後，第 7 代公爵となった。

　エルヴィン・シュレーディンガー（Erwin Schrödinger, 1887 ～1961）は，アインシュタインの「粒子と波動の両方をもった 2 重性を取り入れた気体の統計」と，ド・ブロイの「すべての粒子は波長と振動数をもつとした定常状態の考察」の影響の基に，運動する粒子の波動理論の構築を目指した。

　論文は，4 部作（計 40 頁）として，1926 年前半にドイツの論文誌『アナーレン・デア・フィジーク』[32]に受理された。第 1 論文（1 月 27 日受理）は「固有値問題としての量子化」[33]と題され，波動方程式の導出と水素原子のエネルギー準位の式を導いた。この波動方程式がシュレーディンガー方程式と呼ばれるようになった。第 2 論文（2 月 23日受理）において，力学と波動力学との関係を，幾何光学と波動光学

29　定常状態の存在が実験によって確認されても，その存在が説明できたわけではなかった。
30　デビッソン（Clinton Joseph Davisson, 1881 ～ 1958）とガーマー（Lester Halbert Germer, 1896 ～ 1971）の実験は，現在のベル研究所で行われた。デビッソンは，G.P. トムソンと共に「結晶における電子の干渉現象の実験的発見」において 1937 年度ノーベル物理学賞を受賞した。
31　菊池正士（1902 ～ 1974）は，1928 年 6 月，雲母の薄膜による電子線の回折実験に成功し，電子の波動性を確認していた。正士は，数学者・菊池大麓（1855 ～ 1917）の 4 男である。

$$i\hbar\frac{d\Psi}{dt} = H\Psi$$

シュレーディンガー方程式

巨人の肩にのって
私は量子力学、シュレー
ディンガー方程式を完
成させたのです。

シュレーディンガー

図10.9 エルヴィン・シュレーディンガー

との関係のアナロジーで追究した。第3論文（5月10日受理）にお
いて，摂動論とその応用として水素のバルマー線のシュタルク効果[34]
を論じた。第4論文（6月23日受理）において，原子・分子による
光の散乱問題，放射の吸収・放出を論じた。現在の量子力学の教科書
で扱う事項をすべて，この4部で完結してしまったような内容である。
凄まじい集中力である。

　シュレーディンガーが，この半年の期間に提出した論文はこの4部
作の他に2編ある。その内の1編である「ハイゼンベルク-ボルン-ヨ
ルダン[35]の量子力学[36]との関係について」において，波動力学と行列
力学の同等性を示した。行列力学は計算が難しいこともあって，シュ

32　Annalen der Physik，1799年に創刊されたドイツの査読論文誌。
33　シュレーディンガーは波動力学でエネルギー準位の計算を行ったが，この年この月の
17日にパウリが，22日にディラックが行列力学でエネルギー準位の計算を行った論文が
受理されている。3人がほぼ同時に論文を提出したことになり，量子力学完成間近の勢い
が窺える。
34　シュタルク効果は，電場内に光源を置くとスペクトル線が分岐する現象のことをいう。
シュタルク（Johannes Stark，1874～1957）が1913年に発見した。シュタルクは「陽極
線のドップラー効果と電場の中でのスペクトル線の分散の発見」で1919年度ノーベル物
理学賞を受賞した。
35　ヨルダン（Ernst Pascual Jordan，1902～1980）は，行列力学，波動力学，演算子法，
q-変換理論を含む一般的な理論である変換理論を1927年に提唱した。

レーディンガーの波動力学，すなわちシュレーディンガー方程式が定着した。

　シュレーディンガーは，オーストリア・ハンガリー帝国ウィーンで生まれた。ウィーン大学で学び，第1次世界大戦で4年間軍務に服し，いくつかの大学を経由した後，チューリッヒ大学教授となった。シュレーディンガー方程式の導出は，この時期の業績である。1927年にベルリン大学教授となったが，ナチス政府のユダヤ人学者追放を嫌い，オックスフォード大学，グラーツ大学，ゲント大学，ダブリン大学とヨーロッパ内の移動を繰り返し，1956年にウィーン大学に戻った。「新形式の原子理論の発見」で1933年度ノーベル物理学賞をディラック（Paul Adrian Maurice Dirac, 1902～1984）と共同受賞した。1935年に論文「量子力学の現状について」において，量子力学の観測理論を「シュレーディンガーの猫」で逆説を用いて批判した。また，生物物理学の扉を開いた『生命とは何か』（1944年）の著者としても知られている。

　1926年以後，ハイゼンベルクによる不確定性原理の提唱（1927年），ディラックによる相対論的波動方程式の導出（1928年），ラザフォード門下のジェームズ・チャドウィック（James Chadwick, 1891～1974年）による中性子の発見（1932年），カール・アンダーソン（Carl David Anderson, 1905～1991）による陽電子の発見（1932年），それに湯川秀樹（1907～1981）による中間子論の提唱（1935年）[37] と速度を落とすことなく発展を続けた。

---

36 「量子力学」の名付けの親は，パウリやハイゼンベルクの指導教授であるマックス・ボルン（Max Born, 1882～1970）である（1924年）。

37 湯川秀樹は，1949年，「核力の理論的研究による中間子の予言」で日本人初のノーベル賞を受賞した。父は地質学者の小川琢治，長兄は金属工学の小川芳樹，次兄は中国史学の貝塚茂樹，弟は中国文学の小川環樹と学者家族である。朝永とは，第三高等学校と京都帝国大学で同期生である。1932年5月に結婚して湯川の姓となる。1934年10月に中間子論の着想，論文「素粒子の相互作用について」が11月に受理，1935年2月に日本数学物理学会欧文誌に掲載された。この論文は素粒子論の創始を意味する論文となった。

参考書

第 1 章　物理学とは何だろうか
並木雅俊「日本の近代学問の礎として」日本物理学会 71（2016）391-395.
板倉聖宣『増補　日本理科教育史』（仮説社，2009 年）
牧野正久「科学史入門：明治初期の小学教科書『物理階梯』」科学史研究 241（2007）30-34.
古川安『科学の社会史』（筑摩書房，2019 年）
C.P. スノー（松井巻之助訳）『二つの文化と科学革命』（みすず書房，1967 年）
広重徹『物理学史Ⅰ・Ⅱ』（培風館，1968 年）
朝永振一郎『物理学とは何だろうか　上，下』（岩波新書，1979 年）

第 2 章　古代ギリシアの自然学
佐々木力『数学史』（岩波書店，2010 年）
ボイヤー（加賀美鉄雄，浦野由有訳）『数学の歴史 1』（朝倉書店，1983 年）
坂本賢三『科学思想史』（岩波全書，1984 年）
ラエルティオス（加来彰俊夫訳）『ギリシア哲学者列伝（上，中，下）』（岩波文庫，1984 年）
E. マオール（伊理由美訳）『ピタゴラスの定理』（岩波書店，2008 年）
左近司祥子『謎の哲学者ピュタゴラス』（講談社，2003 年）
H. バターフィールド（渡辺正雄訳）『近代科学の誕生（上）』（講談社，1978 年）

第 3 章　地動説の主張
渡辺正雄『文化としての近代科学』（講談社，2000 年）
村上陽一郎『宇宙像の変遷』（講談社，1996 年）
C.A. ラッセル（渡辺正雄監訳）『OU 科学史Ⅰ』（創元社，1983 年）
中山茂編『天文学史』（恒星社，1982 年）
O. ギンガリッチ（柴田裕之訳）『誰も読まなかったコペルニクス』（早川書房，2005 年）
コペルニクス（矢島祐利訳）『天体の回転について』（岩波文庫，1953 年）

第 4 章　観測と法則
渡辺正雄『文化としての近代科学』（講談社，2000 年）

J. ギルダー，A.L. ギルダー（山越幸江訳）『ケプラー疑惑』（地人書館，2006 年）

F. ワトソン（長沢工，永山淳子訳）『望遠鏡 400 年物語』（地人書館，2009 年）

パオロ・ロッシ『魔術から科学へ』（みすず書房，1999 年）

第 5 章　実験と数学

H. バターフィールド（渡辺正雄訳）『近代科学の誕生（上）』（講談社学術文庫，1978 年）

S. ドレイク（赤木昭夫訳）『ガリレオの思考をたどる』（産業図書，1993 年）

伊東俊太郎，広重徹，村上陽一郎『改訂新版　思想史のなかの科学』（平凡社，2002 年）

レオナルド・ダ・ヴィンチ（杉浦明平訳）『レオナルド・ダ・ヴィンチの手記（下）』（岩波文庫，1958 年）

ガリレオ・ガリレイ（青木靖三訳）『天文対話（上）（下）』（岩波文庫，1959 年）

ガリレオ・ガリレイ（今野武雄，日田節次訳）『新科学対話（上）（下）』（岩波文庫，1948 年）

田中一郎『ガリレオ：庇護者たちの網の中で』（中公新書，1995 年）

田中一郎『ガリレオ裁判』（岩波新書，2015 年）

伊藤利行『ガリレオ：望遠鏡が発見した宇宙』（中公新書，2013 年）

デカルト（桂寿一訳）『哲学原理』（岩波文庫，1964 年）

デカルト（谷川多佳子訳）『方法序説』（岩波文庫，1997 年）

谷川多佳子『デカルト「方法序説」を読む』（岩波書店，2002 年）

小林道夫『デカルトの自然哲学』（岩波書店，1996 年）

Julian B. Barbour: "The Discovery of Dynamics" Oxford Univ. Press (2001)

第 6 章　古典力学の形成

河辺六男責任編集『世界の名著 26　ニュートン』（中央公論社，1971 年）

アイザック・ニュートン（中野猿人訳）『プリンシピア　自然哲学の数学的原理 I・II・III』（講談社，2019 年）

R.S. ウェストフォール『アイザック・ニュートン I・II』（平凡社，1993 年）

J. グリック（大貫昌子訳）『ニュートンの海』（日本放送出版協会，2005 年）

高野義郎『力学の発見』（岩波ジュニア新書，2013 年）

高橋秀裕『ニュートン　流率法の変容』（東京大学出版会，2003 年）

山本義隆『重力と力学的世界』（現代数学者，1981 年）

山本義隆『古典力学の形成』（日本評論社，1997 年）

小山慶太『異貌の科学者』（丸善ライブラリー，1991 年）

第7章　電流の発見

広重徹『物理学史Ⅱ』（培風館，1968 年）6 章，10 章

E. セグレ（久保亮五，矢崎裕二訳）『古典物理学を創った人々』（みすず書房，1992 年）

太田浩一『ほかほかのパン』（東京大学出版会，2008 年）

清水忠雄監訳『物理学をつくった重要な実験はいかに報告されたか』（朝倉書店，2018 年）

米沢富美子総監修『人物でよむ物理法則の事典』（朝倉書店，2015 年）

島尾永康『ファラデー』（岩波書店，2000 年）

カルツェフ（早川光雄，金田一真澄訳）『マクスウェルの生涯』（東京図書，1976 年）

第8章　電子の発見

西尾成子『こうして始まった 20 世紀の物理学』（裳華房，1973 年）

広重徹『物理学史Ⅱ』（培風館，1968 年）13 章

E. セグレ（久保亮五，矢崎裕二訳）『X 線からクォークまで』（みすず書房，1982 年）

S. ワインバーグ（本間三郎訳）『電子と原子核の発見』（ちくま文庫，2006 年）

青柳泰司『レントゲンと X 線の発見』（恒星社厚生閣，2000 年）

第9章　原子模型

板倉聖宣，木村東作，八木江里『長岡半太郎伝』（朝日新聞社，1973 年）

板倉聖宣『長岡半太郎』（朝日新聞社，1976 年）

西尾成子『こうして始まった 20 世紀の物理学』（裳華房，1997 年）

J. L. ハイルブロン（梨本治男訳）『アーネスト・ラザフォード』（大月書店，2009 年）

小山慶太『ケンブリッジの天才科学者』（新潮社，1995 年）

R.P. クリース（青木薫訳）『世界でもっとも美しい 10 の科学実験』（日経 BP 社，2006 年）

第10章　原子の量子論

西尾成子『現代物理学の父　ニールス・ボーア』（中公新書，1993）

M. クマール(青木薫訳)『量子革命』（新潮社，2013）

高林武彦『量子論の発達史』（筑摩書房，2002 年）

W. ムーア（小林澈朗，土佐幸子訳）『シュレーディンガー』（培風館，1995 年）

著者紹介

並木　雅俊（なみき　まさとし）

高千穂大学人間科学部教授（元学長），物理オリンピック日本委員会理事。

著著：『文明開化の数学と物理』（共著，岩波書店），『物理学者小伝』（丸善出版），『人物でよむ物理法則の事典』（共著，朝倉書店），『大学生のための物理入門』（講談社），『ノーベル物理学賞』（共著，ポプラ社），『星と宇宙の物理学読本』（丸善），他。

訳書：『明解ガロア理論』（共訳，講談社），『物理を教える』（監訳，丸善出版），『アインシュタイン奇跡の年』（シュプリンガー・ジャパン），『宇宙の発見』（丸善），『アインシュタインと時空の旅』（丸善），『ダークマター』（丸善）。

NDC420　190p　21cm

絵でわかるシリーズ
絵でわかる物理学の歴史

2020 年 9 月 30 日　第 1 刷発行

著者	並木　雅俊（なみき　まさとし）
発行者	渡瀬　昌彦
発行所	株式会社 講談社

〒 112-8001　東京都文京区音羽 2-12-21
　　販売　　(03)5395-4415
　　業務　　(03)5395-3615

編集	株式会社 講談社サイエンティフィク
	代表　堀越　俊一

〒 162-0825　東京都新宿区神楽坂 2-14　ノービィビル
　　編集　　(03)3235-3701

本文データ制作	双文社印刷 株式会社
カバー・表紙印刷	豊国印刷 株式会社
本文印刷・製本	株式会社 講談社

Printed in Japan

ISBN978-4-06-520889-2

講談社の自然科学書

絵でわかる宇宙開発の技術　藤井孝藏・並木道義／著　本体 2,200 円

絵でわかるロボットのしくみ　瀬戸文美／著　平田泰久／監修　本体 2,200 円

絵でわかるプレートテクトニクス　是永 淳／著　本体 2,200 円

絵でわかる日本列島の誕生　堤 之恭／著　本体 2,200 円

絵でわかる感染症 with もやしもん　岩田健太郎／著　石川雅之／絵　本体 2,200 円

絵でわかる地図と測量　中川雅史／著　本体 2,200 円

絵でわかるカンブリア爆発　更科 功／著　本体 2,200 円

絵でわかる寄生虫の世界　小川和夫／監修 長谷川英男／著　本体 2,000 円

絵でわかる地震の科学　井出 哲／著　本体 2,200 円

絵でわかる日本列島の地震・噴火・異常気象　藤岡達也／著　本体 2,200 円

絵でわかる宇宙の誕生　福江 純／著　本体 2,200 円

絵でわかる宇宙地球科学　寺田健太郎／著　本体 2,200 円

絵でわかる日本列島の地形・地質・岩石　藤岡達也／著　本体 2,200 円

世界一わかりやすい物理学入門 これ 1 冊で完全マスター！　川村康文／著　本体 3,400 円

世界一わかりやすい物理数学入門 これ 1 冊で完全マスター！　川村康文／著　本体 2,700 円

新装版 なっとくする物理数学　都筑卓司／著　本体 2,000 円

新装版 なっとくする量子力学　都筑卓司／著　本体 2,000 円

カラー入門 基礎から学ぶ物理学　北林照幸・藤城武彦・滝内賢一／著　本体 2,600 円

教養としての物理学入門　笠利彦弥・藤城武彦／著　本体 2,200 円

＜基礎物理学シリーズ＞

0　大学生のための物理入門　並木雅俊／著　本体 2,500 円

1　力学　副島雄児・杉山忠男／著　本体 2,500 円

2　振動・波動　長谷川修司／著　本体 2,600 円

3　熱力学　菊川芳夫／著　本体 2,500 円

4　電磁気学　横山順一／著　本体 2,800 円

5　解析力学　伊藤克司／著　本体 2,500 円

6　量子力学 I　原田 勲・杉山忠男／著　本体 2,500 円

7　量子力学 II　二宮正夫・杉野文彦・杉山忠男／著　本体 2,800 円

8　統計力学　北原和夫・杉山忠男／著　本体 2,800 円

9　相対性理論　杉山 直／著　本体 2,700 円

10　物理のための数学入門　二宮正夫・並木雅俊・杉山忠男／著　本体 2,800 円

※表示価格は本体価格（税別）です.消費税が別に加算されます.　　　2020 年 9 月現在

講談社サイエンティフィク　http://www.kspub.co.jp/